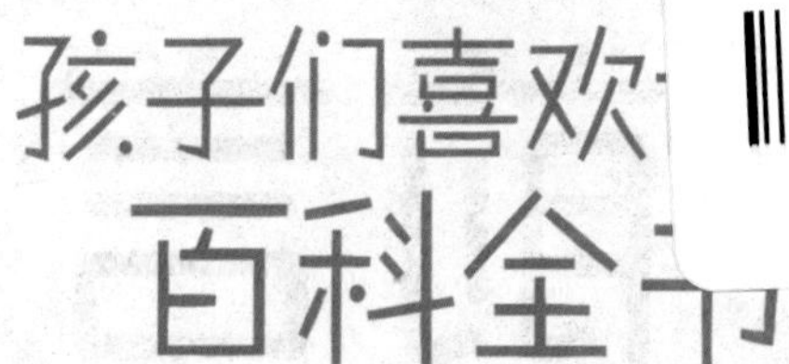

鹦鹉龙的流浪

雨 田 主编

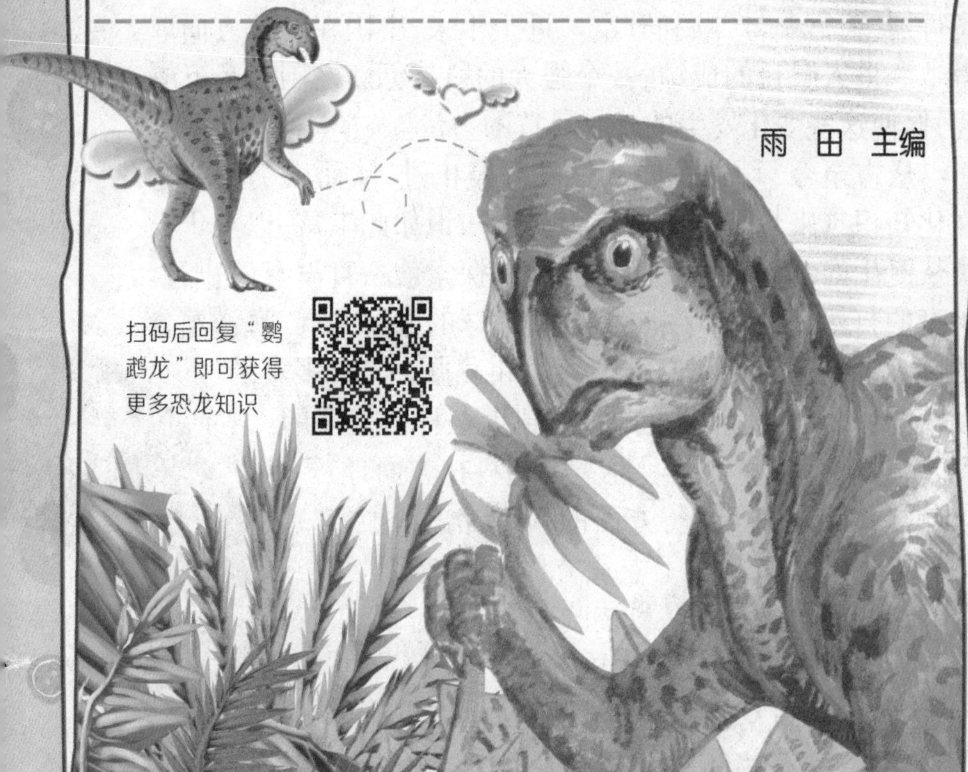

扫码后回复“鹦鹉龙”即可获得更多恐龙知识

北方联合出版传媒（集团）股份有限公司
辽宁少年儿童出版社
沈 阳

前言

FOREWORD

从宋代毕昇发明了活字印刷术到2011年中国首个目标飞行器“天宫一号”顺利升空。近千年来,中国在科技方面取得了令世人瞩目的成绩,一个强大的科技创新之国在东方崛起,促使这些变化发生的就是科技的力量。

从古至今,科学发展从来没有停止过,从而人类的科学文化知识越来越丰富。又因为科学知识如此丰富,以至于人类从诞生的一刻到现在，对科学的探索就一直没有停止过。神奇的自然现象中,宇宙的来源、地球的未解之谜、海洋蕴含的巨大宝藏还需要我们继续探索和发掘。丰富多彩的动植物中,从史前活跃的恐龙,到现在种类繁多的动物,它们有哪些生活习性?尖端科技方面,航天领域的新材料、医药方面的新产品、交通运输方面的新工具、工农业方面的新能源，这些无不显示着是科技改变了世界。人文科学方面,千年古国的文明、人类历史的发展、杰出人物的成功之道,这些都是科学的结晶。科学改变世界的力量是有目共睹的。门捷列夫说过，科学不但能给青年人以知识，给老年人以快乐，还能使人惯于劳动和追求真理，能为人民创造真正的精神财富和物质财富，能创造出没有它就不能获得的东西。历史证明，科学的力量是无穷的。面对那些亟待我们去探索的科学，青少年们，你们是否迫切地想向科学进军？是否想探求科学的秘密呢？那么，快随着我们来到《孩子们喜欢读的百科全书》的世界中吧！在这里，你们将会在整个历史长河中徜徉，亲历名人们的成才历程，与动物交朋友，进行太空、海洋之旅，体验科学带来的乐趣。

巴甫洛夫说："无论鸟的翅膀是多么完美，如果不凭借着空气，它们是永远不会飞翔于高空的。而事实就是科学家的空气。"鸟儿尚且要凭借空气来振翅天空，作为国家未来的青少年们，我们只有通过学习科学知识，才能为自己插上一双理想的翅膀，翱翔于广阔的天际。

编　者

bái è jì dào lái de shí hou yǐ qián zhěng kuài de
白垩纪到来的时候，以前整块的
dà lù bǎn kuài fēn liè chéng le běi bù hé nán bù liǎng dà
大陆板块分裂成了北部和南部两大
bù fen yǐ qián chāo jí dà de dà lù bǎn kuài zé bēng liè
部分。以前超级大的大陆板块则崩裂
chéng xiǎo kuài lù dì zhú jiàn de cóng dà lù shang piāo lí
成小块陆地，逐渐地从大陆上漂离
ér qù
而去。

zài bái è jì chū qī xiàn dài zhí wù dàn shēng
在白垩纪初期，现代植物诞生
le zuì zǎo de kāi huā zhí wù yě zhú jiàn chū xiàn le
了，最早的开花植物也逐渐出现了。

kāi huā zhí wù de zhǒng zi hěn qīng fēng yì chuī tā
开花植物的种子很轻，风一吹，它

men jiù huì sì chù luàn fēi zài lù dì gè chù shēng gēn fā
们就会四处乱飞，在陆地各处生根发

yá hěn kuài jiù fán yǎn qǐ lái le
芽，很快就繁衍起来了。

zhè ge shí hou dà dì shang bú zài zhǐ yǒu lǜ sè yì
这个时候，大地上不再只有绿色一

zhǒng yán sè le
种颜色了。

yīn wèi yǒu le chōng zú de shí wù
因为有了充足的食物，

sù shí kǒng lóng de shēng cún dé dào le bǎo
素食恐龙的生存得到了保

zhàng kào zhè xiē shí wù tā men zhǎng de
障。靠这些食物，它们长得

hěn dà zhǒng lèi yě hěn fán duō ér nà
很大，种类也很繁多，而那

xiē yǐ sù shí kǒng lóng wéi shí
些以素食恐龙为食

de shí ròu kǒng lóng yě dé dào
的食肉恐龙也得到

le chōng zú de shí wù
了充足的食物。

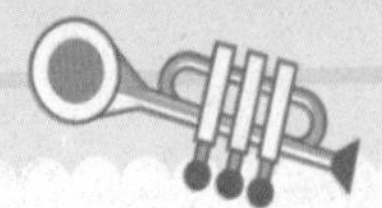

yǔ zhū luó jì shí qī xiāng bǐ bái è jì shí qī de sù shí kǒng lóng
与侏罗纪时期相比，白垩纪时期的素食恐龙

zhǒng lèi yuè lái yuè duō zhè ge gù shi jiǎng de jiù shì hòu lái de jiǎo lóng zǔ
种类越来越多。这个故事讲的就是后来的角龙祖

xiān yīng wǔ lóng
先鹦鹉龙。

著名的鹦鹉龙

鹦鹉龙又叫鹦鹉嘴龙，它是一种非常著名的恐龙，以拥有最多种的恐龙而著称，确认的有10个种，超过400个标本，目前，它是已知最完整的恐龙之一。较为著名的种是蒙古鹦鹉嘴龙，较早的种是陆家屯鹦鹉嘴龙，是在辽宁省的义县发现的。

dāng xiǎo yīng wǔ lóng gāng cóng dàn
当小鹦鹉龙刚从蛋
ké li pá chū lái de shí hou tā jiù yù
壳里爬出来的时候，他就遇
dào le yí cì dà fēng bào tā suǒ yǒu de
到了一次大风暴，他所有的
xiōng dì dōu bèi fēng bào juǎn jìn le shā kēng
兄弟都被风暴卷进了沙坑
li zhǐ yǒu tā xìng miǎn yú nàn
里，只有他幸免于难。

wèi le néng ràng tā jiàn kāng ān
为了能让他健康安
quán de zhǎng dà mā ma jiāng tā yì zhí
全地长大，妈妈将他一直
dài zài shēn biān xì xīn hē hù xiǎo yīng
带在身边，细心呵护。小鹦
wǔ lóng shāo shāo zhǎng dà le zhī hòu
鹉龙稍稍长大了之后，
biàn hé mā ma yì qǐ qiān yí dào le bié
便和妈妈一起迁移到了别
de dì fang
的地方。

鹦鹉龙

长度： 1～2米
种类： 鸟脚类
食物： 植物
生存地域： 亚洲

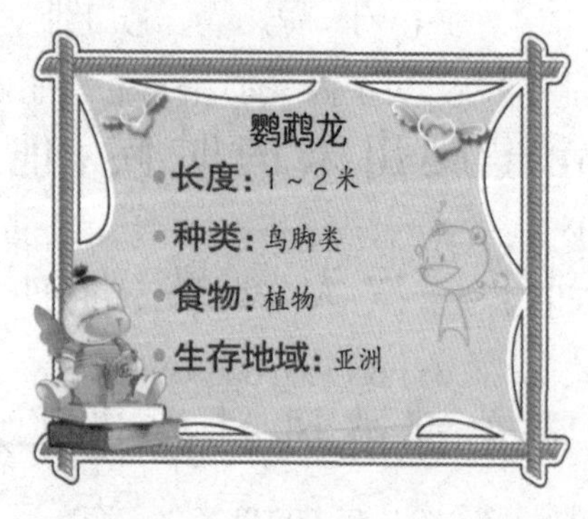

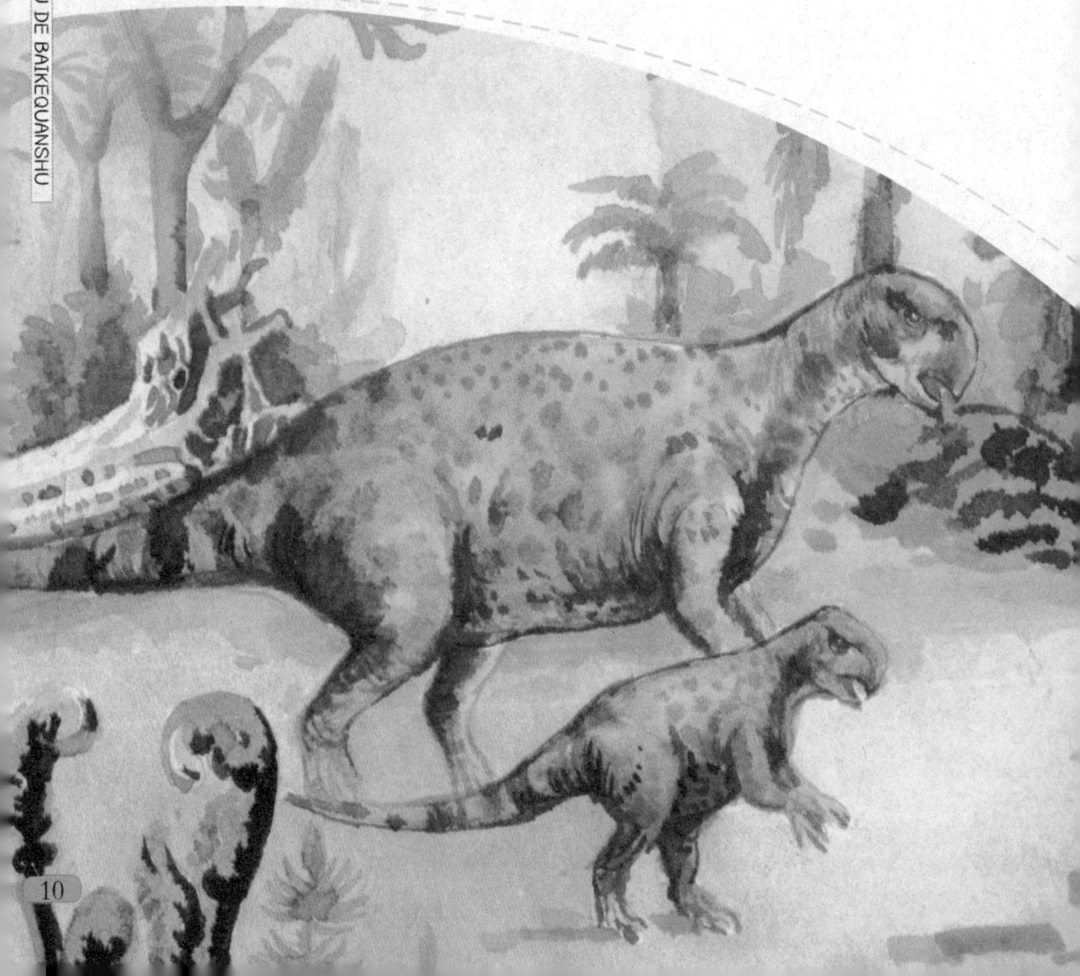

zài cóng lín biān er shang tā men
在丛林边儿上，他们
kàn jiàn yì zhī kǒng lóng zhèng tǎng zài cóng lín li
看见一只恐龙正躺在丛林里
shēn yín jiù zǒu le guò qù kàn de chū lái
呻吟，就走了过去。看得出来，
zhè shì yì zhī sù shí kǒng lóng tā de zuǐ
这是一只素食恐龙。他的嘴
ba bú tài dà shì niǎo huì de
巴不太大，是鸟喙的
xíng zhuàng
形状。

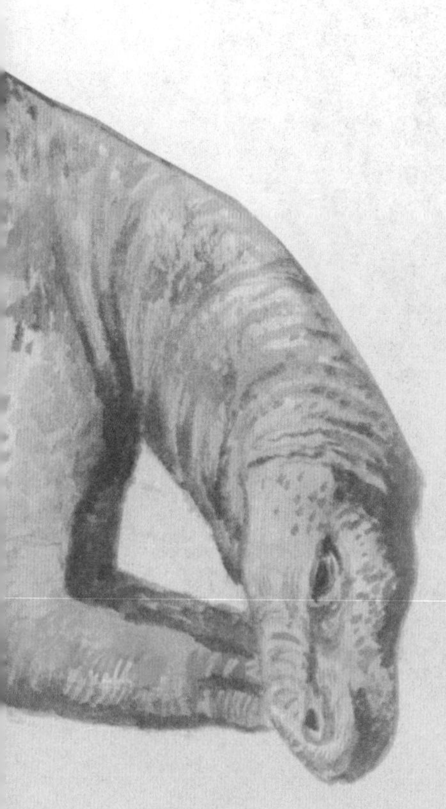

nà zhī kǒng lóng gào su tā men
那只恐龙告诉他们，
tā jiào pǔ luó bā kè tè lóng hé qín
他叫普罗巴克特龙，和禽
lóng shì qīn qi tā dé le guān jié bìng
龙是亲戚。他得了关节病，
tuǐ hěn téng hǎo duō tiān dōu zhàn bù qǐ
腿很疼，好多天都站不起
lái tā zhǐ néng tǎng zài dì shang yǐ
来。他只能躺在地上，已
jīng bǎ shēn biān de zhí wù dōu chī guāng
经把身边的植物都吃光
le xiàn zài hěn è yuán lái shì zhè me
了，现在很饿。原来是这么
huí shì a hǎo xīn de yīng wǔ lóng mā
回事啊。好心的鹦鹉龙妈
ma hé xiǎo yīng wǔ lóng biàn dào cóng lín
妈和小鹦鹉龙便到丛林
zhōng wèi pǔ luó bā kè tè lóng cǎi jí le
中为普罗巴克特龙采集了
yì xiē shù yè
一些树叶。

pǔ luó bā kè tè lóng xiè guo tā men hòu
普罗巴克特龙谢过他们后，
biàn dà chī qǐ lái tā chī wán hòu shuō zì jǐ dà
便大吃起来。他吃完后，说自己大
bù fen shí jiān dōu shì sì jiǎo zháo dì zhǐ chī dī ǎi
部分时间都是四脚着地，只吃低矮
chù de zhí wù zhè huí cái zhī dào shù shang de yè
处的植物，这回才知道树上的叶
zi yě hěn hǎo chī
子也很好吃。

yīn wèi bù zhī dào pǔ luó bā kè tè lóng jiū jìng
因为不知道普罗巴克特龙究竟
shén me shí hou cái néng hǎo qǐ lái yīng wǔ lóng mǔ zǐ liǎ
什么时候才能好起来，鹦鹉龙母子俩
biàn cǎi jí le yí dà duī yè zi fàng zài tā de shēn biān
便采集了一大堆叶子放在他的身边，
rán hòu cái jì xù xiàng qián zǒu qù
然后才继续向前走去。

xiǎo yīng wǔ lóng gēn zài mā ma shēn hòu chuān guò yí piàn
小鹦鹉龙跟在妈妈身后，穿过一片
mào mì de cóng lín yí lù shang xiǎo yīng wǔ lóng jué de hěn kuài
茂密的丛林。一路上，小鹦鹉龙觉得很快
huo tā zhè kě shì dì yī cì chū yuǎn mén na tā dōng zhāng xī
活。他这可是第一次出远门哪，他东张西
wàng kàn shén me dōng xi dōu jué de hào qí
望，看什么东西都觉得好奇。

mā ma dài zhe xiǎo yīng wǔ lóng zǒu chū cóng lín lái dào yì tiáo xiǎo xī
妈妈带着小鹦鹉龙走出丛林，来到一条小溪

páng xiǎo yīng wǔ lóng jīng yà de fā xiàn yǒu hǎo duō shēn cái xì cháng de kǒng
旁。小鹦鹉龙惊讶地发现有好多身材细长的恐

lóng jù zài yì qǐ hē shuǐ ne
龙聚在一起喝水呢。

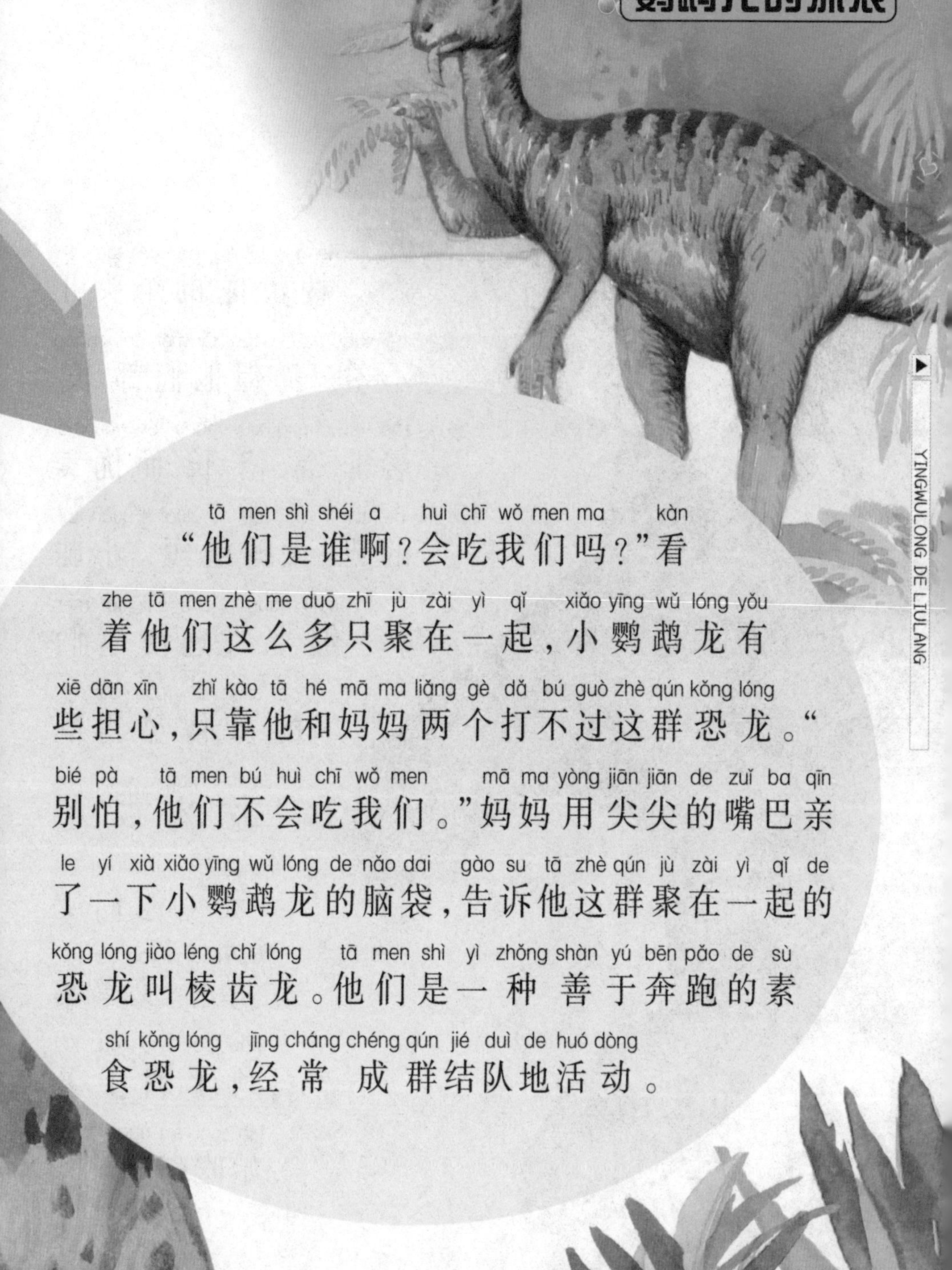

tā men shì shéi a　huì chī wǒ men ma　kàn
“他们是谁啊？会吃我们吗？”看
zhe tā men zhè me duō zhī jù zài yì qǐ　xiǎo yīng wǔ lóng yǒu
着他们这么多只聚在一起，小鹦鹉龙有
xiē dān xīn　zhǐ kào tā hé mā ma liǎng gè dǎ bú guò zhè qún kǒng lóng
些担心，只靠他和妈妈两个打不过这群恐龙。“
bié pà　tā men bú huì chī wǒ men　mā ma yòng jiān jiān de zuǐ ba qīn
别怕，他们不会吃我们。”妈妈用尖尖的嘴巴亲
le yí xià xiǎo yīng wǔ lóng de nǎo dai　gào su tā zhè qún jù zài yì qǐ de
了一下小鹦鹉龙的脑袋，告诉他这群聚在一起的
kǒng lóng jiào léng chǐ lóng　tā men shì yì zhǒng shàn yú bēn pǎo de sù
恐龙叫棱齿龙。他们是一种善于奔跑的素
shí kǒng lóng　jīng cháng chéng qún jié duì de huó dòng
食恐龙，经常成群结队地活动。

léng chǐ lóng de gè tóu er
棱齿龙的个头儿

bú suàn gāo dàn tā men dōu zhǎng
不算高，但他们都长

zhe fēi cháng xiū cháng ér yōu měi
着非常修长而优美

de tuǐ dà tuǐ cū duǎn xiǎo tuǐ
的腿。大腿粗短，小腿

xì cháng zhè shǐ tā men
细长，这使他们

de shēn tǐ xiǎn de jì
的身体显得既

qīng yíng yòu jiàn
轻盈又健

zhuàng tā men hē
壮。他们喝

wán shuǐ yòu jù jí
完水，又聚集

dào le shù xià kāi
到了树下开

shǐ chī wǔ cān
始吃午餐。

léng chǐ lóng de shǒu bì yě hěn cháng měi zhī shǒu shang yǒu wǔ gēn cū
棱齿龙的手臂也很长，每只手上有五根粗

duǎn de shǒu zhǐ zhuā qǐ shù yè lái shí fēn líng huó tā men de yá chǐ yě
短的手指，抓起树叶来十分灵活。他们的牙齿也

hěn jiān lì néng cóng shù yè zhōng tiāo xuǎn chū zuì yǒu zī wèi de nà bù fen
很尖利，能从树叶中挑选出最有滋味的那部分

lái chī
来吃。

tīng le mā ma de jiè
听了妈妈的介

shào xiǎo yīng wǔ lóng duì yǎn
绍，小鹦鹉龙对眼

qián zhè qún shēn cái xiū cháng de
前这群身材修长的

léng chǐ lóng hěn yǒu hǎo gǎn biàn
棱齿龙很有好感，便

zhǔ dòng shàng qián qù dǎ zhāo
主动上前去打招

hu yì zhī yǔ tā chà bu duō
呼，一只与他差不多

dà de xiǎo léng chǐ lóng chòng tā
大的小棱齿龙冲他

diǎn dian tóu
点点头。

nǐ men zhù zài nǎ er
“你们住在哪儿，

yí huì er zhǔn bèi qù nǎ er
一会儿准备去哪儿？”

xiǎo yīng wǔ lóng hào qí
小鹦鹉龙好奇

de wèn duì fāng xiǎo
地问对方。小

léng chǐ lóng shuō nǐ
棱齿龙说：“你

tīng shuō guo nǎ zhī kǒng
听说过哪只恐

lóng yǒu zì jǐ gù dìng de jiā ma
龙有自己固定的家吗？

kǒng lóng zǒng shì méi wán méi liǎo de
恐龙总是没完没了地

bān jiā wǒ yě bù zhī dào zì jǐ yào
搬家，我也不知道自己要

dào shén me dì fang qù nǐ ne
到什么地方去，你呢？”

tīng le xiǎo léng chǐ lóng de huà
听了小棱齿龙的话，

xiǎo yīng wǔ lóng yì shí yě bù zhī dào
小鹦鹉龙一时也不知道

gāi rú hé huí dá　tā zhǐ hǎo shuō tā
该如何回答。他只好说他

yě shuō bù qīng zì jǐ yào dào nǎ lǐ
也说不清自己要到哪里

qù　dàn mā ma shuō yào bǎ tā sòng
去，但妈妈说要把他送

dào yí gè ān quán diǎn er de dì
到一个安全点儿的地

fang　wǒ bù xiāng xìn zài zhè kuài tǔ
方。“我不相信在这块土

dì shang huì yǒu yí gè ān quán de dì
地上会有一个安全的地

fang　xiǎo léng chǐ lóng yì biān yòng
方。”小棱齿龙一边用

ruì lì de zuǐ ba yǎo xià yí piàn shù
锐利的嘴巴咬下一片树

yè yì biān shuō　tīng yǔ qì　tā bǐ
叶一边说。听语气，他比

xiǎo yīng wǔ lóng chéng shú duō le
小鹦鹉龙成熟多了。

tā men zhèng tán zhe huà tū rán tiān shàng xià qǐ le yǔ léng chǐ lóng
他们正谈着话，突然天上下起了雨，棱齿龙
men shāng liang le yí xià biàn zài yǔ zhōng bēn pǎo qǐ lái tā men de cháng
们商量了一下，便在雨中奔跑起来。他们的长
wěi ba zhí zhí de shēn tǐng zài bèi hòu liǎng tiáo cháng tuǐ zài dì shang fēi bēn
尾巴直直地伸挺在背后，两条长腿在地上飞奔，
zhǎ yǎn jiān jiù pǎo jìn le shù lín li
眨眼间就跑进了树林里。

xiǎo yīng wǔ lóng hé mā ma yě duǒ
小鹦鹉龙和妈妈也躲

dào le lín zi li zài lín zi zhōng tā
到了林子里。在林子中，他

men kàn jiàn le yì zhī duǒ zài shù xià bì yǔ
们看见了一只躲在树下避雨

de zhǔn gá ěr yì lóng
的准噶尔翼龙。

准噶尔翼龙

- **长度：** 2.5米（翼展）
- **种类：** 飞龙类
- **食物：** 鱼类
- **生存地域：** 中国新疆准噶尔盆地、浙江

xiǎo yīng wǔ lóng yǒu xiē qí guài yīn wèi cóng qián
小鹦鹉龙有些奇怪，因为从前
mā ma gào su tā yì lóng dōu shì shēng huó zài hǎi biān yán
妈妈告诉他翼龙都是生活在海边岩
shí shang de tā zěn me dào zhè er lái bì yǔ le ne
石上的，他怎么到这儿来避雨了呢？
tā xiǎng zǒu shàng qián qù hé duì fāng dǎ gè zhāo hu
他想走上前去和对方打个招呼。

kàn jiàn tā men zǒu guò lái nà zhī
看见他们走过来，那只

chì bǎng zú yǒu sān mǐ cháng de zhǔn gá
翅膀足有三米长的准噶

ěr yì lóng yì biān shōu jǐn chì bǎng yì
尔翼龙一边收紧翅膀一

biān shuō zhè kuài er dì fang hěn xiǎo
边说：“这块儿地方很小，

nǐ men dào bié de shù xià bì yǔ ba
你们到别的树下避雨吧。”

xiǎo yīng wǔ lóng tīng míng bai le tā de huà biàn hé mā ma cháo lìng wài
小鹦鹉龙听明白了他的话，便和妈妈朝另外

yì kē shù zǒu qù tā dì yī cì jiàn zhǔn gá ěr yì lóng jiù duì tā de yìn xiàng
一棵树走去。他第一次见准噶尔翼龙就对他的印象

bú tài hǎo tā pā zài mā ma de páng biān qiāo qiāo de guān chá zhè zhī dà yì
不太好。他趴在妈妈的旁边，悄悄地观察这只大翼

lóng zhǔn gá ěr yì lóng zhǎng de hé qí tā yì lóng bù tóng tā zhǎng zhe yí
龙。准噶尔翼龙长得和其他翼龙不同，他长着一

gè bù tóng xún cháng de gǔ zhì guān zhuàng wù zhè ge guān zhuàng wù xiàng
个不同寻常的骨质冠状物，这个冠状物向

shàng wān qū zài dǐng bù xíng chéng le yí gè jiān er
上弯曲，在顶部形成了一个尖儿。

ràng xiǎo yīng wǔ lóng gǎn dào qí guài de shì zhǔn gá ěr yì lóng
让小鹦鹉龙感到奇怪的是，准噶尔翼龙

de zuǐ ba fēi cháng báo zhè me báo de zuǐ ba néng zhuā dào shí wù ma
的嘴巴非常薄，这么薄的嘴巴能抓到食物吗？

tā xiǎng wèn wen zhǔn gá ěr yì lóng dàn zhǔn gá ěr yì lóng tài gāo ào
他想问问准噶尔翼龙，但准噶尔翼龙太高傲

le tā bèi duì zhe xiǎo yīng wǔ lóng pā zài shù xià yì shēng bù xiǎng
了，他背对着小鹦鹉龙趴在树下，一声不响。

bù yí huì er　yǔ tíng le　zhǔn gá ěr yì lóng dǒu yì dǒu chì bǎng
不一会儿，雨停了。准噶尔翼龙抖一抖翅膀
shang de shuǐ zhū　zòng shen yi yuè　chōng xiàng le kōng zhōng　lián zhāo hu dōu
上的水珠，纵身一跃，冲向了空中，连招呼都
méi yǒu dǎ yí gè　zì gù zì de fēi zǒu le
没有打一个，自顾自地飞走了。

tā men shì zài huáng hūn shí fēn dào dá hú biān de tā men kàn jiàn zài

他们是在黄昏时分到达湖边的。他们看见，在

bō guāng lín lín de hú li yǒu yì zhī jù dà de kǒng lóng shēn cháng bó zi zài

波光粼粼的湖里有一只巨大的恐龙伸长脖子在

zhuō yú tā dūn zài shuǐ zhōng nài xīn de děng dài zhe liè wù chū xiàn

捉鱼，他蹲在水中耐心地等待着猎物出现。

tā dà yuē yǒu liù mǐ cháng tóu
他大约有六米长，头

yòu cháng yòu zhǎi zuǐ ba biǎn píng bó
又长又窄，嘴巴扁平，脖

zi hěn zhí cǐ shí tā zhèng jù jīng huì
子很直。此时他正聚精会

shén de dīng zhe shuǐ miàn sī háo méi yǒu
神地盯着水面，丝毫没有

zhù yì dào bù yuǎn chù yǒu liǎng zhī kǒng
注意到不远处有两只恐

lóng zài guān chá tā de xíng dòng
龙在观察他的行动。

会捕鱼的重爪龙

一般的食肉恐龙的前爪都很小，但是重爪龙却凭借着拇指上的一个超过30厘米的超级巨爪而得名。它是一种罕见的食鱼恐龙，与其他食肉恐龙的刀片形锯齿状牙齿不同，它们长着坚硬的圆锥形牙齿，以鱼类为主，有时候也吃腐肉。

xiǎo yīng wǔ lóng wèn　mā ma　zhè zhī kǒng lóng
小鹦鹉龙问：“妈妈，这只恐龙

shì shéi　mā ma shuō　tā jiù shì zhòng zhǎo lóng
是谁？”妈妈说：“他就是重爪龙，

shǔ yú dà xíng shí ròu kǒng lóng　yě shì zuì xǐ huan chī
属于大型食肉恐龙，也是最喜欢吃

yú de kǒng lóng　zhè yì diǎn hé è yú hěn xiàng
鱼的恐龙，这一点和鳄鱼很像。”

wèi shén me jiào tā zhòng zhǎo lóng ér bú shì chī yú lóng xiǎo yīng wǔ
“为什么叫他重爪龙而不是吃鱼龙？”小鹦鹉

lóng wèn mā ma gào su tā zhòng zhǎo lóng de qián zhī shang zhǎng zhe wān qū de
龙问。妈妈告诉他重爪龙的前肢上长着弯曲的

dà jiān zhuǎ zi tā kě yǐ yòng zhuǎ zi bǎ yú cóng shuǐ zhōng zhuā chū lái
大尖爪子，他可以用爪子把鱼从水中抓出来。

zhèng shuō zhe dūn zài shuǐ zhōng de zhòng
正说着，蹲在水中的重

zhǎo lóng tū rán měng de xiàng qián yì pū suí zhe
爪龙突然猛地向前一扑，随着

shuǐ huā de jiàn luò tā de dà zhuǎ zi yǐ jīng gōu
水花的溅落，他的大爪子已经钩

chū le yì tiáo dà yú
出了一条大鱼。

zhòng zhǎo lóng jiāng yú pāo dào hú
重爪龙将鱼抛到湖

biān de kòng dì shang yú zài dì shang
边的空地上，鱼在地上

fān téng zhe zhòng zhǎo lóng bǎi chū yí fù
翻腾着，重爪龙摆出一副

bù zháo jí de yàng zi zài páng biān
不着急的样子，在旁边

kàn le yí huì er
看了一会儿。

重爪龙

- **长度**：9米
- **种类**：坚尾龙类
- **食物**：鱼类
- **生存地域**：美洲

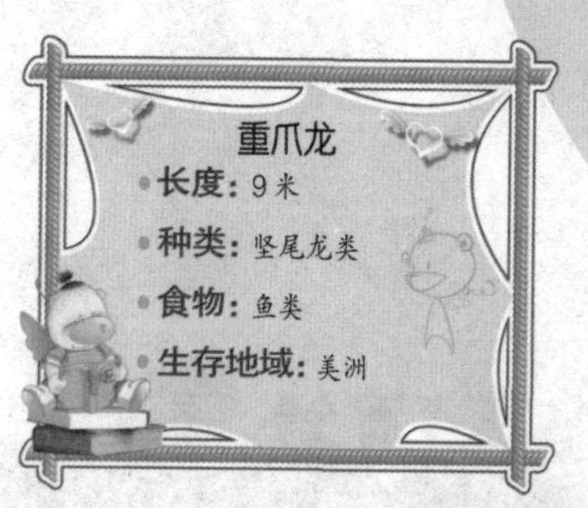

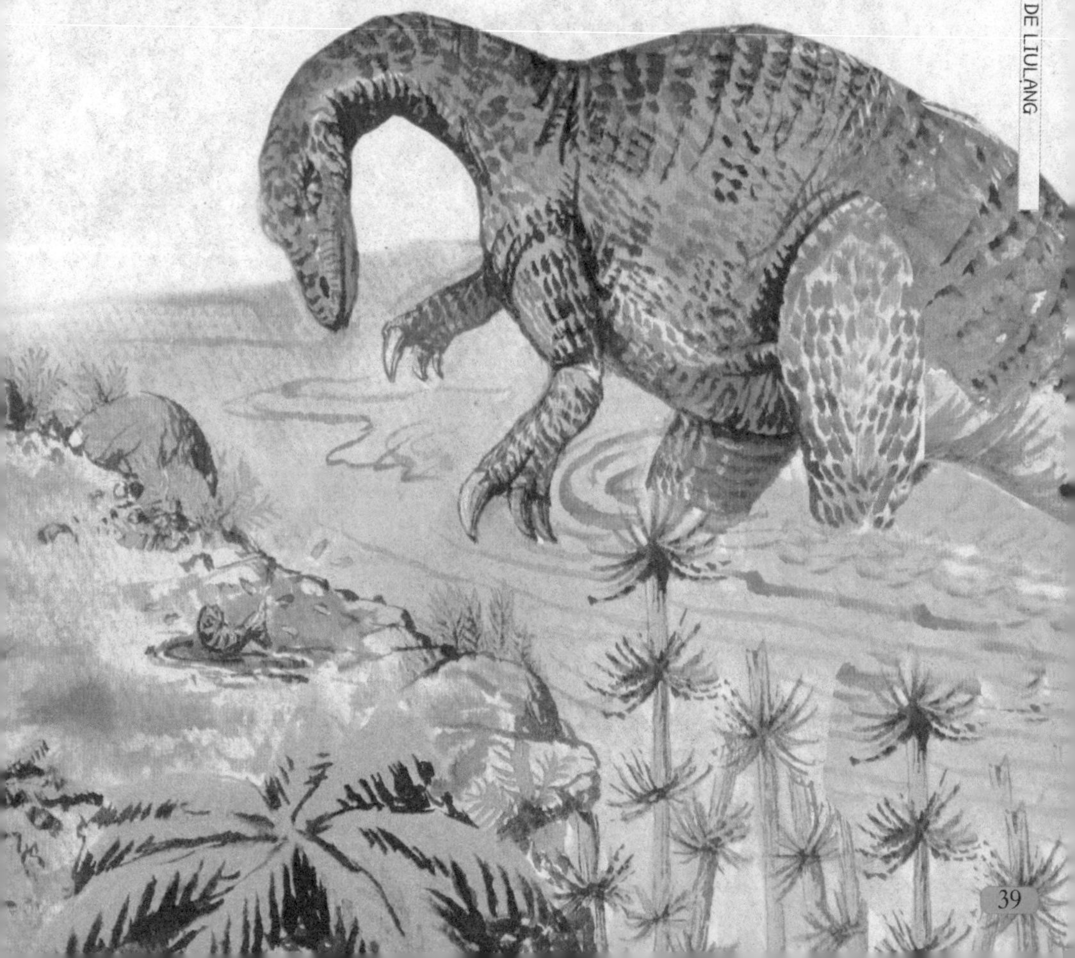

děng yú zhe teng chà bu duō le tā cái zhāng kāi bù mǎn zhe jiān lì xì
等鱼折腾差不多了，他才张开布满着尖利细

xiǎo yá chǐ de dà zuǐ jǐn jǐn de yǎo zhù dà yú diāo zhe liè wù pǎo dào le
小牙齿的大嘴，紧紧地咬住大鱼，叼着猎物跑到了

ǎi shù cóng zhōng qù le
矮树丛中去了。

xiǎo yīng wǔ lóng kàn kan zì jǐ de shǒu zhǐ wèn mā ma yú hǎo chī
小鹦鹉龙看看自己的手指，问妈妈：“鱼好吃
ma wǒ zhàn zài shuǐ li yě néng zhuā dào yú ma mā ma gào su tā zì jǐ
吗？我站在水里也能抓到鱼吗？”妈妈告诉他自己
yě méi chī guo yú bù zhī dào hǎo bù hǎo chī dàn tā jué de tā men de zhǎo
也没吃过鱼，不知道好不好吃，但她觉得他们的爪
shì zhuā bú dào yú de
是抓不到鱼的。

xiǎo yīng wǔ lóng jué de yǒu xiē yí hàn tā bìng bú shì yì zhī chán zuǐ
小鹦鹉龙觉得有些遗憾，他并不是一只馋嘴

de kǒng lóng dàn tā chú le xǐ huan chī nèn shù yè wài hái xiǎng cháng chang
的恐龙，但他除了喜欢吃嫩树叶外，还想尝尝

yú de wèi dào yú shì tā xiàng hú biān zǒu qù
鱼的味道，于是他向湖边走去。

tā gāng zǒu dào hú biān jiù tīng shuǐ li yǒu gè shēng yīn shuō nǐ chī
他刚走到湖边，就听水里有个声音说：“你吃

de hǎo kuài ya zěn me zhè me kuài jiù huí lái le xiǎo yīng wǔ lóng zhī dào tā
得好快呀，怎么这么快就回来了？小鹦鹉龙知道他

nòng cuò le jiù xiǎo xīn yì yì de dá dào gāng cái nà ge bú shì wǒ shì
弄错了，就小心翼翼地答道：“刚才那个不是我，是

zhòng zhǎo lóng
重爪龙。”

ò shì zhè yàng a nà nǐ shì shéi ne
“哦,是这样啊,那你是谁呢?”

shuǐ li de shēng yīn tīng qǐ lái hěn píng hé xiǎo yīng wǔ
水里的声音听起来很平和。小鹦鹉

lóng shuō wǒ shì yīng wǔ lóng wǒ lǎo shì chī shù yè
龙说:“我是鹦鹉龙,我老是吃树叶

dōu chī nì le xiǎng cháng chang yú de wèi dào
都吃腻了,想尝尝鱼的味道。”

xiǎo yīng wǔ lóng gāng shuō wán cóng shuǐ zhōng jiù zuān chū lái yì tiáo hún
小鹦鹉龙刚说完，从水中就钻出来一条浑

shēn róu ruǎn yì zhī zhǎo yě méi yǒu de dòng wù lái tā cháng yuē yì mǐ
身柔软、一只爪也没有的动物来。他长约一米，

shēn tǐ yòu xì yòu cháng tóu què hěn xiǎo
身体又细又长，头却很小。

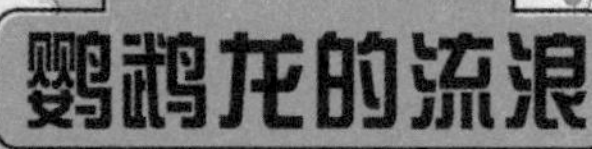

xiǎo yīng wǔ lóng dì yī cì jiàn dào zhè
小鹦鹉龙第一次见到这
me qí tè de dòng wù tā jīng yà de wèn wǒ cóng
么奇特的动物，他惊讶地问：“我从
lái dōu méi jiàn guo nǐ nǐ shì shéi ne wǒ yě shì kǒng lóng
来都没见过你，你是谁呢？”“我也是恐龙，
zhǐ bú guò wǒ shì shuǐ shēng de pá xíng lèi dòng wù shǔ yú shé
只不过我是水生的爬行类动物，属于蛇
yà mù kǒng lóng wǒ jiào hòu zhēn lóng wǒ shēng huó zài shuǐ li
亚目恐龙，我叫厚针龙。我生活在水里，
zhè hé nǐ men zhèng hǎo xiāng fǎn zhè zhī zì chēng hòu zhēn
这和你们正好相反。”这只自称厚针
lóng de kǒng lóng niǔ zhe róu ruǎn de shēn tǐ shuō
龙的恐龙扭着柔软的身体说。

nà nǐ chī yú ma yú hǎo chī ma zhè shì xiǎo yīng wǔ lóng cǐ shí
“那你吃鱼吗？鱼好吃吗？”这是小鹦鹉龙此时

zuì guān xīn de wèn tí dāng rán yú shì shì jiè shang zuì hǎo chī de dōng
最关心的问题。“当然，鱼是世界上最好吃的东

xi le nǐ lái shì yí shì ba hòu zhēn lóng shuō zhe cóng shuǐ li diāo chū
西了。你来试一试吧。”厚针龙说着，从水里叼出

yì tiáo xiǎo yú rēng gěi tā
一条小鱼扔给他。

xiǎo yīng wǔ lóng shēn chū zhǎo jiē zhù xiǎo yú kàn zhe xiǎo
小鹦鹉龙伸出爪接住小鱼，看着小
yú shēn shang de lín piàn bù zhī zěn me bàn hǎo tā qīng qīng yǎo
鱼身上的鳞片不知怎么办好，他轻轻咬
le yì kǒu hǎo xīng a tā yí xià zi bǎ yú rēng dào le
了一口，好腥啊！他一下子把鱼扔到了
dì shang shuō duì bu qǐ zhè kě bú shì wǒ
地上，说："对不起，这可不是我
xǐ huan chī de dōng xi
喜欢吃的东西。"

像蛇一样的厚针龙

厚针龙长得像蛇一样，拥有又细又长的身体，头部像蜥蜴，它们依靠扭动身体在水中游动。厚针龙所处时代的蛇类在数百万年的演化过程中，后足逐渐消失，但是还留有小段的骨头，而现代大部分的蟒蛇和蚺蛇的体内也有细小的骨段就证明了这一点。

hòu zhēn lóng shuō méi guān xi zhè hé wǒ
厚针龙说："没关系，这和我
bù chī shù yè shì yí yàng de zhè huí xiǎo yīng wǔ
不吃树叶是一样的。"这回小鹦鹉
lóng zhī dào le yú de wèi dào tā zài yě bù xiǎng
龙知道了鱼的味道，他再也不想
chī zhè zhǒng shí wù le
吃这种食物了。

tā men shuō zhe huà de shí hou nà zhī gāo dà de zhòng zhǎo lóng zài shù
他们说着话的时候，那只高大的重爪龙在树
cóng zhōng yǐ jīng chī wán le yú huí lái le tā kàn jiàn zài zì jǐ zhuā yú chī
丛中已经吃完了鱼回来了。他看见在自己抓鱼吃
de shuǐ biān er yǒu bié de kǒng lóng fēi cháng bù gāo xìng jiù zǒu guò lái wèn
的水边儿有别的恐龙，非常不高兴，就走过来问：
nǐ shì shéi nǐ lái zhè er gàn shén me
“你是谁？你来这儿干什么？”

xiǎo yīng wǔ lóng kàn zhe zhè ge bǐ zì jǐ gāo chū xǔ duō de dà
小鹦鹉龙看着这个比自己高出许多的大

kǒng lóng yǒu xiē dǎn qiè de shuō wǒ shì yīng wǔ lóng wǒ xiǎng cháng
恐龙，有些胆怯地说："我是鹦鹉龙，我想尝

chang yú de wèi dào jiù dào zhè er lái le
尝鱼的味道就到这儿来了。"

zhēn shì qí guài nǐ yīng gāi duì shù yè gǎn xìng qù cái duì zěn me
“真是奇怪，你应该对树叶感兴趣才对，怎么

xiǎng qǐ chī yú le yú hǎo chī ma zhòng zhǎo lóng kàn zhe xiǎo yīng wǔ lóng
想起吃鱼了，鱼好吃吗？”重爪龙看着小鹦鹉龙

rēng zài dì shang de xiǎo yú wèn dào
扔在地上的小鱼问道。

bù hǎo chī xiǎo yīng wǔ lóng
"不好吃。"小鹦鹉龙

chéng shí de huí dá dào zhòng zhǎo lóng
诚实地回答道。重爪龙

shuō duì wǒ lái shuō zhè shì zuì hǎo
说:"对我来说,这是最好

chī de dōng xi le tā shuō zhe
吃的东西了。"他说着,

yòng qián zhǎo shí qǐ nà tiáo bèi rēng
用前爪拾起那条被扔

zài dì shang de xiǎo yú fàng jìn zuǐ li jiáo le qǐ lái
在地上的小鱼,放进嘴里嚼了起来。

重爪龙的捕猎方式

重爪龙采取突然袭击的捕猎方式,它先是隐蔽在某处,一旦有大鱼游过,它便迅速地用重爪叉起鱼,放入口中吞下,有时也用它狭长的嘴直接从水中捕食鱼类,尖尖的牙齿可以紧紧地叼住鱼而不让它溜掉。喜欢吃鱼,而且还很会抓鱼,重爪龙很像现在的灰熊。

kàn zhe zhòng zhǎo lóng xì mì de xiǎo yá chǐ xiǎo yīng wǔ lóng zhī dào zhè
看着重爪龙细密的小牙齿，小鹦鹉龙知道这

shì yì zhī xǐ huan chī yú de kǒng lóng jiù bú xiàng gāng cái nà yàng pà zhòng
是一只喜欢吃鱼的恐龙，就不像刚才那样怕重

zhǎo lóng le tā wèn duì fāng nǐ hái xǐ huan chī bié de dōng xi ma
爪龙了。他问对方：“你还喜欢吃别的东西吗？”

dāng rán zhòng zhǎo lóng zā za
“当然。”重爪龙咂咂
zuǐ shuō wǒ hái xǐ huan chī qín lóng hé pǔ luó bā
嘴说，“我还喜欢吃禽龙和普罗巴
kè tè lóng zhēn de xiǎo yīng wǔ lóng xiǎng bù chū zhòng zhǎo
克特龙。”“真的？”小鹦鹉龙想不出重爪
lóng zěn me néng zhuā zhù hé tā chà bu duō dà xiǎo de pǔ luó bā kè
龙怎么能抓住和他差不多大小的普罗巴克
tè lóng hā nǐ hài pà le zhòng zhǎo lóng shuō wǒ dāng
特龙。“哈，你害怕了。”重爪龙说，“我当
rán néng chī dào tā men de ròu wǒ yào shi yuàn yì yě néng chī
然能吃到他们的肉，我要是愿意，也能吃
dào nǐ de ne tā xiàng xiǎo yīng wǔ lóng huī le
到你的呢。”他向小鹦鹉龙挥了
huī zhǎo
挥爪。

zhèng zài zhè shí yì zhí zài yuǎn chù guān wàng de yīng wǔ lóng mā ma
正在这时，一直在远处观望的鹦鹉龙妈妈
chōng le guò lái tā běn lái xiǎng gěi hái zi yí gè jī huì yǔ wài jiè jiāo
冲了过来。她本来想给孩子一个机会与外界交
wǎng dàn dāng tā fā xiàn zhòng zhǎo lóng xiǎng shāng hài zì jǐ de hái zi shí
往，但当她发现重爪龙想伤害自己的孩子时，
jiù háo bù yóu yù de chōng le guò lái
就毫不犹豫地冲了过来。

kàn jiàn tā pǎo chū lái
看见她跑出来，

zhòng zhǎo lóng shōu huí le qián zhǎo
重爪龙收回了前爪，

duì yīng wǔ lóng mā ma shuō bié
对鹦鹉龙妈妈说：“别

zháo jí wǒ cóng lái bù chī huó de
着急，我从来不吃活的

kǒng lóng wǒ zhǐ chī tā men de shī
恐龙，我只吃他们的尸

tǐ xiàn zài wǒ yào bǔ yú le
体。现在我要捕鱼了，

zài jiàn ba
再见吧！”

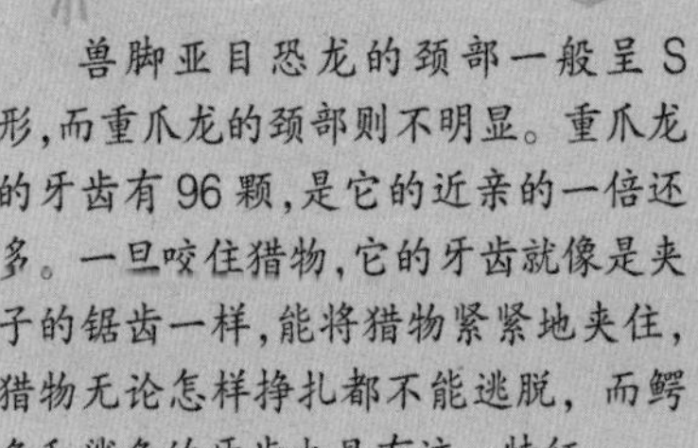

重爪龙的特征

兽脚亚目恐龙的颈部一般呈S形，而重爪龙的颈部则不明显。重爪龙的牙齿有96颗，是它的近亲的一倍还多。一旦咬住猎物，它的牙齿就像是夹子的锯齿一样，能将猎物紧紧地夹住，猎物无论怎样挣扎都不能逃脱，而鳄鱼和鲨鱼的牙齿也具有这一特征。

zhòng zhǎo lóng shuō wán biàn tiào jìn shuǐ
重爪龙说完，便跳进水
li jì xù zhuā yú bú zài lǐ cǎi tā men nà tiáo hòu
里继续抓鱼，不再理睬他们。那条厚
zhēn lóng duì yīng wǔ lóng mā ma shuō nǐ bù yīng gāi zǒng shì zhè yàng
针龙对鹦鹉龙妈妈说：“你不应该总是这样
péi zhe nǐ de hái zi dào chù zǒu a nǐ děi ràng tā xué huì
陪着你的孩子到处走啊，你得让他学会
dú zì shēng cún cái xíng
独自生存才行。”

yīng wǔ lóng mā ma xiǎng le xiǎng
鹦鹉龙妈妈想了想，
shuō shì de nǐ shuō de duì wǒ huì kǎo lǜ zhè
说：“是的，你说得对，我会考虑这
jiàn shì de hòu zhēn lóng diǎn dian tóu niǔ dòng zhe
件事的。”厚针龙点点头，扭动着
shēn zi huí dào shuǐ li qù le
身子回到水里去了。

xiǎo yīng wǔ lóng bìng méi yǒu tīng jiàn gāng cái de zhè duàn duì huà
小鹦鹉龙并没有听见刚才的这段对话，
tā fā xiàn le yì zhī fēi wǔ de hú dié jiù cháo nà zhī měi lì de hú
他发现了一只飞舞的蝴蝶，就朝那只美丽的蝴
dié pǎo guò qù
蝶跑过去。

tā zhuī zhe hú dié pǎo le hěn yuǎn yì zhí pǎo dào yì tiáo xiǎo xī biān
他追着蝴蝶跑了很远，一直跑到一条小溪边

yě méi zhuā zhù zhè shí tā cái xiǎng qǐ mā ma lái tā zhuǎn shēn kāi shǐ zhǎo
也没抓住，这时他才想起妈妈来。他转身开始找

mā ma què zěn me yě zhǎo bú dào mā ma le
妈妈，却怎么也找不到妈妈了。

鹦鹉龙的化石

辽宁古生物博物馆曾展出了一块鹦鹉龙的“母子龙”化石，显示了鹦鹉龙已经有育幼的生活习性。一同展出的“恐龙幼儿园”化石上一共有 39 条鹦鹉龙幼仔，这是迄今为止，已知中国恐龙幼仔最多的一个鹦鹉龙化石群。这说明了鹦鹉龙有群居性。

xiǎo yīng wǔ lǒng hěn nán guò jiù pā
小鹦鹉龙很难过，就趴

zài zhēn yè shù dǐ xia tā xiǎng yí dìng shì
在针叶树底下，他想一定是

gāng cái pǎo de tài kuài mā ma méi gǎn
刚才跑得太快，妈妈没赶

shàng zì jǐ xiàn zài zài zhè er děng yí huì
上自己。现在在这儿等一会

er mā ma jiù huì lái de tā pā zài shù
儿，妈妈就会来的。他趴在树

xià děng a děng yì zhí děng dào tiān hēi
下等啊等，一直等到天黑，

mā ma yě méi yǒu lái xiǎo yīng wǔ lóng cóng
妈妈也没有来。小鹦鹉龙从

lái dōu méi yǒu zì jǐ zài wài miàn dāi guo
来都没有自己在外面待过，

tā jiù zài zhēn yè shù xià miàn zǒu lái zǒu
他就在针叶树下面走来走

qù bù gǎn lí kāi nà lǐ yě bù zhī dào
去，不敢离开那里，也不知道

dào nǎ er qù
到哪儿去。

hòu lái tā zǒu lèi le jiù pā
后来，他走累了，就趴

zài shù xià bì shàng le yǎn jing shuì zháo
在树下，闭上了眼睛睡着

le xī shuǐ zài qián miàn bù yuǎn de dì
了。溪水在前面不远的地

fang gǔ gǔ de liú tǎng xīng xing zài tiān
方汩汩地流淌，星星在天

kōng zhōng shǎn shuò zhe xiǎo yīng wǔ lóng
空中闪烁着，小鹦鹉龙

mèng jiàn mā ma le
梦见妈妈了。

tiān liàng le xiǎo yīng wǔ lóng zhēng kāi le yǎn jing fā xiàn zài xī biān
天亮了，小鹦鹉龙睁开了眼睛，发现在溪边
de mǎ wěi cǎo cóng zhōng yǒu yì qún gāo dà de shēn yǐng tā zǐ xì kàn le
的马尾草丛中，有一群高大的身影，他仔细看了
kàn hái shi zhǎo bú dào mā ma de shēn yǐng
看，还是找不到妈妈的身影。

zhè shí yǒu yì zhī bǐ jiào ǎi xiǎo de dòng wù xiàng zhēn
这时，有一只比较矮小的动物向针

yè shù lín zǒu le guò lái kàn jiàn xiǎo yīng wǔ lóng zài zhēn yè
叶树林走了过来。看见小鹦鹉龙在针叶

shù dǐ xia zhàn zhe nà zhī xiǎo dòng wù yuán zhēng zhe yǎn jing
树底下站着，那只小动物圆睁着眼睛，

hé qi de shuō wǒ shì qín lóng nǐ shì shéi
和气地说："我是禽龙，你是谁？"

xiǎo yīng wǔ lóng shuō wǒ shì yīng wǔ lóng wǒ tīng shuō guo nǐ zhòng
小鹦鹉龙说："我是鹦鹉龙，我听说过你，重

zhǎo lóng tí dào guo nǐ xiǎo qín lóng yáo yao tóu shuō wǒ bù zhī dào shéi shì
爪龙提到过你。"小禽龙摇摇头说："我不知道谁是

zhòng zhǎo lóng tā zhǎng de hǎo kàn ma
重爪龙，他长得好看吗？"

xiǎo yīng wǔ lóng shuō bù hǎo kàn tā xǐ
小鹦鹉龙说："不好看，他喜

huan chī yú yě xǐ huan chī sǐ qù de kǒng lóng hái
欢吃鱼，也喜欢吃死去的恐龙，还

xǐ huan xià hu bǐ tā xiǎo de kǒng lóng xiǎo qín lóng
喜欢吓唬比他小的恐龙。"小禽龙

tīng le shuō tā yí dìng xià hu guo nǐ shì ma
听了，说："他一定吓唬过你，是吗？

nǐ mā ma ne dǎ tā le ma
你妈妈呢，打他了吗？"

wǒ mā ma bú jiàn le wǒ guāng gù zhe zhuī hú dié děng wǒ pǎo dào
“我妈妈不见了，我光顾着追蝴蝶，等我跑到

zhè er de shí hou tā jiù bú jiàn le xiǎo yīng wǔ lóng dī zhe tóu shuō xiǎo
这儿的时候，她就不见了。”小鹦鹉龙低着头说。小

qín lóng shuō nà nǐ jiù dào wǒ men zhè er lái ba wǒ men zǒng shì chéng qún
禽龙说：“那你就到我们这儿来吧，我们总是成群

de shēng huó zài yì qǐ
地生活在一起。”

zhèng zài zhè shí yì zhī gāo dà de qín lóng zǒu le guò lái tā kàn le
正在这时，一只高大的禽龙走了过来，她看了
kàn xiǎo yīng wǔ lóng rán hòu duì xiǎo qín lóng shuō xìng hǎo tā bú shì yì zhī
看小鹦鹉龙，然后对小禽龙说："幸好他不是一只
shí ròu kǒng lóng bù rán nǐ jiù huì yǒu wēi xiǎn de
食肉恐龙，不然你就会有危险的。"

xiǎo qín lóng shuō xiǎo yīng wǔ lóng hé tā de mā ma zǒu sàn
小禽龙说："小鹦鹉龙和他的妈妈走散

le néng ràng tā hé wǒ men zài yì qǐ ma gāo dà de qín lóng
了，能让他和我们在一起吗？"高大的禽龙

mā ma shuō tā hé wǒ men bú shì tóng yì zhǒng kǒng lóng
妈妈说："他和我们不是同一种恐龙，

tā bú huì xí guàn wǒ men de shēng huó de
他不会习惯我们的生活的。"

鬣蜥的牙齿——禽龙

禽龙是继斑龙之后，世界上第二种被正式命名的恐龙。禽龙有很多特别之处：它的手臂长而粗壮，手掌却不易弯曲；后腿非常强壮，但并非用来奔跑。禽龙的拇指尖爪是其最著名的特征之一，不仅可以作为获取食物的工具，还可以作为抵御外敌的武器。

jiù ràng tā shì shi ba
“就让他试试吧。”

xiǎo qín lóng kěn qiú dào shuō zhe tā
小禽龙恳求道。说着，她

yòng bǐ mǔ qīn duǎn de duō de qián
用比母亲短得多的前

zhǎo pèng le pèng xiǎo yīng wǔ lóng
爪碰了碰小鹦鹉龙，

xiǎo yīng wǔ lóng jí máng shuō wǒ
小鹦鹉龙急忙说：“我

yuàn yì shì yí shì
愿意试一试。”

受欢迎的禽龙

1852年，伦敦的水晶宫竖立了两个四足着地的禽龙雕像，这是最早的禽龙模型。在迪斯尼的动画电影《恐龙》中，出现了禽龙和他的同伴。科幻电影《哥斯拉》中，禽龙是大怪物哥斯拉的形象来源之一，甚至一个小行星带的小行星也被命名为禽龙。

qín lóng shì bái è jì zǎo qī de yì zhǒng
禽龙是白垩纪早期的一种

dà xíng sù shí kǒng lóng tā men de gè zi dōu hěn dà
大型素食恐龙，他们的个子都很大，

shēn tǐ shí fēn jiàn zhuàng dàn tā men de xìng qíng què shí fēn
身体十分健壮，但他们的性情却十分

wēn hé qín lóng mā ma tīng le tā men de huà zuì hòu zhǐ
温和。禽龙妈妈听了他们的话，最后只

hǎo shuō nà nǐ jiù shì shi ba
好说："那你就试试吧。"

jiù zhè yàng lí kāi le mā ma de xiǎo yīng wǔ lóng yòu jiā rù le yí
就这样，离开了妈妈的小鹦鹉龙又加入了一

gè gèng dà de jiā zú qín lóng jiā zú suī rán tā hé qín lóng zhǎng de
个更大的家族——禽龙家族。虽然他和禽龙长得

bù yí yàng dàn suǒ yǒu de qín lóng dōu bǎ tā dàng zuò zì jǐ de péng you hé
不一样，但所有的禽龙都把他当作自己的朋友和

jiā zú chéng yuán
家族成员。

xiǎo qín lóng yóu qí xǐ huan hé tā zài yì qǐ tīng tā jiǎng xǔ duō guān
小禽龙尤其喜欢和他在一起，听他讲许多关

yú zài shuǐ zhōng shēng huó de méi yǒu zhǎo de hòu zhēn lóng hé ào qì de zhǔn gá
于在水中生活的没有爪的厚针龙和傲气的准噶

ěr yì lóng de gù shi tā jué de hěn hǎo wán er
尔翼龙的故事，她觉得很好玩儿。

xǐ huan guān chá de xiǎo yīng wǔ lóng fā xiàn xiǎo qín
喜欢观察的小鹦鹉龙发现，小禽
lóng hé chéng nián qín lóng bù wán quán yí yàng xiǎo qín lóng
龙和成年禽龙不完全一样。小禽龙
de qián zhī dōu bǐ chéng nián qín lóng de yào duǎn suǒ yǐ
的前肢都比成年禽龙的要短，所以
xiǎo qín lóng duō shù shí hou yòng hòu zhī xíng zǒu huó dòng xíng
小禽龙多数时候用后肢行走活动，行
dòng bǐ jiào mǐn jié
动比较敏捷。

qín lóng de qián zhī cū duǎn yǒu lì zài qián zhǎo shang yǒu sān gēn zhōng
禽龙的前肢粗短有力，在前爪上有三根中
zhǐ yì gēn zhǎng yǒu jiān cì de mǔ zhǐ hé yì gēn líng qiǎo de xiǎo zhǐ tou zhè
指，一根长有尖刺的拇指和一根灵巧的小指头。这
shǐ tā men jì kě yǐ zǒu lù yě kě yǐ cǎi jí shí wù hái kě yǐ hé dí rén
使他们既可以走路也可以采集食物，还可以和敌人
zuò zhàn
作战。

yǒu yí cì zài cóng lín biān er shang yì zhī kǒng zhǎo lóng xiàng xiǎo qín
有一次,在丛林边儿上,一只恐爪龙向小禽

lóng fā qǐ gōng jī tā zhāng kāi mǎn shì fēng lì yá chǐ de dà zuǐ xiàng xiǎo
龙发起攻击,他张开满是锋利牙齿的大嘴,向小

qín lóng pū qù
禽龙扑去。

kǒng zhǎo lóng shì yì zhǒng bēn pǎo xùn sù de shí ròu
恐爪龙是一种奔跑迅速的食肉

kǒng lóng tā de nǎo dai hěn dà yá chǐ fēng lì měi zhī jiǎo
恐龙。他的脑袋很大，牙齿锋利，每只脚

shang dōu zhǎng zhe jù dà wān qū de zhǎo zú yǒu shí èr lí
上都长着巨大弯曲的爪，足有十二厘

mǐ cháng tā yì kǒu yǎo zhù xiǎo qín lóng de dà tuǐ jiāng tā
米长。他一口咬住小禽龙的大腿，将她

pū dǎo zài dì
扑倒在地。

恐爪龙的牙齿

恐爪龙的发现，被认为是20世纪中期最重要的恐龙发现。恐爪龙是恐龙中的“狼群”，它们群体捕食猎物，奔跑速度可达40千米/时。它们的牙齿极为锋利，是一种稍向后弯，边缘有细锯齿的尖牙，很容易咬住猎物，撕下一块块的肉。

xiǎo yīng wǔ lóng mǎ shàng pǎo qù qiú yuán chéng nián qín
小鹦鹉龙马上跑去求援。成年禽

lóng tīng wán xiǎo yīng wǔ lóng de huà jí máng lǐng zhe dà jiā cháo
龙听完小鹦鹉龙的话，急忙领着大家朝

cóng lín biān er shang pǎo qù
丛林边儿上跑去。

kàn jiàn xiǎo qín lóng bèi pū dǎo zài dì qín
看见小禽龙被扑倒在地，禽
lóng men biàn yì yōng ér shàng yòng tā men yǒu lì de
龙们便一拥而上，用他们有力的
qián zhǎo hé kǒng zhǎo lóng jìn xíng bó dòu kǒng zhǎo lóng jiàn lái le
前爪和恐爪龙进行搏斗。恐爪龙见来了
xǔ duō qín lóng tā de liǎng zhī qián zhǎo hé yì zhāng dà zuǐ yǒu xiē
许多禽龙，他的两只前爪和一张大嘴有些
máng bú guò lái le biàn yòng yì zhī jiǎo zhàn lì zhe yòng
忙不过来了，便用一只脚站立着，用
lìng yì zhī jiǎo qù měng jī duì fāng tā de lì qi hěn
另一只脚去猛击对方。他的力气很
dà yǒu jǐ zhī tǐ ruò de qín lóng bèi dǎ dǎo le
大，有几只体弱的禽龙被打倒了。

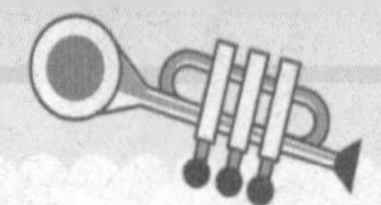

zuì hòu kǒng zhǎo lóng dǎ de yǒu xiē lèi le suī rán tā yǒu fēng lì
最后，恐爪龙打得有些累了。虽然他有锋利

de yá chǐ hé zhǎo dàn cóng shēn cái shang kàn tā bǐ chéng nián qín lóng
的牙齿和爪，但从身材上看，他比成年禽龙

yào xiǎo bù shǎo suǒ yǐ tā hái shi xiǎng le gè bàn fǎ cóng bāo wéi zhōng
要小不少，所以他还是想了个办法从包围中

táo le chū qù
逃了出去。

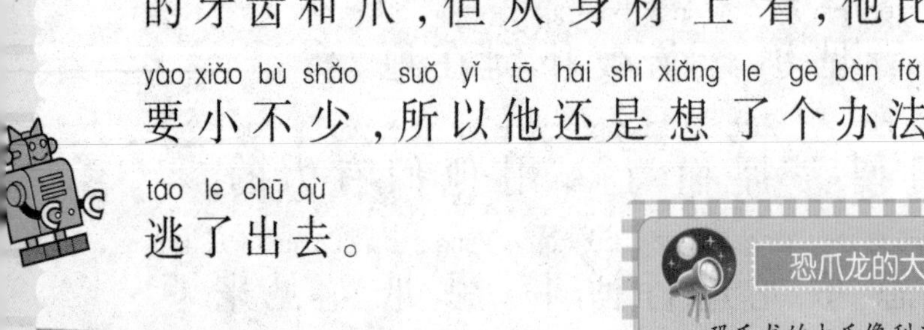

恐爪龙的大爪

恐爪龙的大爪像利刃一样弯曲着，异常锋利，令那些遭受攻击的素食恐龙不寒而栗。它们的第二趾上长有强壮的镰刀状趾爪，行走时可缩起，捕猎时可用来割伤或刺戳猎物。恐爪龙协作捕食，通常三五成群地联合攻击那些大型的素食恐龙。

xiǎo qín lóng dé jiù le　tā xiān xuè lín lí de tǎng zài cǎo dì shang

小禽龙得救了。她鲜血淋漓地躺在草地上，

xiǎo yīng wǔ lóng gěi tā cǎi le xǔ duō jué cǎo hé mǎ wěi cǎo　xī wàng tā chī

小鹦鹉龙给她采了许多蕨草和马尾草，希望她吃

wán zhī hòu néng kuài diǎn er huī fù jiàn kāng

完之后能快点儿恢复健康。

guò le yí duàn shí jiān xiǎo qín lóng
过了一段时间，小禽龙

néng zhàn qǐ lái zǒu lù le tā hé xiǎo yīng
能站起来走路了。她和小鹦

wǔ lóng yì qǐ dào shuǐ biān er qù wán er
鹉龙一起到水边儿去玩儿，

xiǎng zhǎo yì xiē xīn xiān xì nèn de shù yè hé
想找一些新鲜细嫩的树叶和

mǎ wěi cǎo chī
马尾草吃。

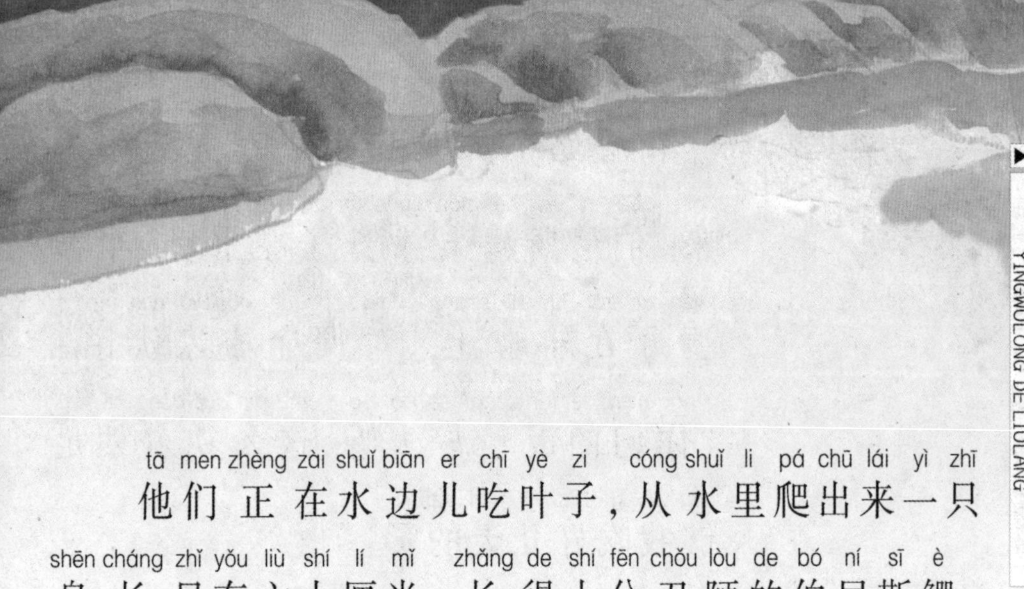

tā men zhèng zài shuǐ biān er chī yè zi cóng shuǐ li pá chū lái yì zhī
他们正在水边儿吃叶子，从水里爬出来一只

shēn cháng zhǐ yǒu liù shí lí mǐ zhǎng de shí fēn chǒu lòu de bó ní sī è
身长只有六十厘米，长得十分丑陋的伯尼斯鳄。

tā de yá chǐ bǐ jiào tè bié zài zuǐ de qián bù shì yòu jiān yòu cháng de yá
他的牙齿比较特别，在嘴的前部是又尖又长的牙

chǐ hòu bù shì yòu kuān yòu píng de yá chǐ
齿，后部是又宽又平的牙齿。

伯尼斯鳄

- 长度：60厘米
- 种类：中真鳄类
- 食物：鱼类以及小动物
- 生存地域：欧洲

kàn jiàn xiǎo qín lóng hé xiǎo yīng wǔ lóng zǒu le guò
看见小禽龙和小鹦鹉龙走了过

lái bó ní sī è bàn jié shēn zi zài shuǐ li bàn jié
来，伯尼斯鳄半截身子在水里、半截

shēn zi zài lù dì shang duì liǎng gè xiǎo jiā huo shuō
身子在陆地上，对两个小家伙说：

nǐ men de fàn liàng hǎo dà ya zhè me duō dōng xi zú
“你们的饭量好大呀，这么多东西足

gòu wǒ chī hǎo jǐ tiān de le
够我吃好几天的了。”

nà nǐ wèi shén me bú shì zhe duō chī yì xiē ne xiǎo qín lóng
“那你为什么不试着多吃一些呢？”小禽龙

wèn yīn wèi wǒ xǐ huan ràng zì jǐ miáo tiao xiē bó ní sī è suī
问。“因为我喜欢让自己苗条些。”伯尼斯鳄虽

rán zhǎng de bù hǎo kàn dàn tā hěn ài hé lù dì shang de dòng wù kāi
然长得不好看，但他很爱和陆地上的动物开

wán xiào
玩笑。

xiǎo yīng wǔ lóng kàn jiàn bó ní sī è zuǐ li yǒu liǎng zhǒng bù
小鹦鹉龙看见伯尼斯鳄嘴里有两种不
tóng xíng zhuàng de yá chǐ jué de hào qí bó ní sī è gào su tā
同形状的牙齿，觉得好奇。伯尼斯鳄告诉他，
qián miàn de jiān yá chǐ yòng lái zhuō yú chī hòu miàn de píng yá chǐ
前面的尖牙齿用来捉鱼吃，后面的平牙齿
yòng lái mó suì dòng wù de gǔ tou
用来磨碎动物的骨头。

zhè me shuō nǐ bù zǒng shì shēng huó zài shuǐ zhōng nǐ hái dào lù
“这么说，你不总是生活在水中，你还到陆

dì shang lái shì ma xiǎo qín lóng wen shì zhè yàng de wǒ wú lùn zài
地上来，是吗？”小禽龙问。“是这样的，我无论在

nǎ ge dì fang dōu néng shēng huó de hěn hǎo bó ní sī è shuō
哪个地方都能生活得很好。”伯尼斯鳄说。

扫码后回复"伯尼斯鳄"即可获得更多鳄鱼知识

小型的伯尼斯鳄

伯尼斯鳄是曾经存在的鳄类中体型最小的一种。它的外表类似现代的鳄鱼，科学家从它的颌中两种不同类型的牙齿判断出它可能是半水生动物。由于这种古老的鳄鱼已经灭绝，所以科学家只能通过和现代鳄鱼对比来研究伯尼斯鳄的习性。

zài shuǐ zhōng shēng huó yǒu yì si ma liǎng zhī xiǎo
"在水中生活有意思吗？"两只小

kǒng lóng yì qí wèn bó ní sī è yáo le yáo wěi ba shuō
恐龙一齐问。伯尼斯鳄摇了摇尾巴，说：

shuǐ li yǒu xǔ duō hǎo chī de yú dàn tā men dōu bú ài shuō huà lù
"水里有许多好吃的鱼，但他们都不爱说话。陆

dì shang hǎo chī de dōng xi shǎo dàn ài shuō huà de dòng wù bǐ jiào duō
地上好吃的东西少，但爱说话的动物比较多。"

zhèng zài zhè shí　yuǎn chù chuán lái　le　qín lóng mā ma
正在这时，远处传来了禽龙妈妈

de　hū huàn　liǎng zhī xiǎo kǒng lóng zhǐ hǎo hé　xǐ huan shuō huà
的呼唤，两只小恐龙只好和喜欢说话

de bó ní sī è gào bié　zhuǎn shēn huí dào cóng lín　li　qù　le
的伯尼斯鳄告别，转身回到丛林里去了。

扫码后回复“禽龙”即可获得更多恐龙知识

扫码后回复"鹦鹉龙特征"即可获得更多恐龙知识

qín lóng jiā zú zài cóng lín hé shuǐ biān er
禽龙家族在丛林和水边儿
shēng huó le yí duàn shí jiān hòu tā men jué dìng lí kāi
生活了一段时间后，他们决定离开
zhè ge dì fang dào lìng wài yí gè zhí wù mào shèng de dì fang
这个地方到另外一个植物茂盛的地方
qù xiǎo yīng wǔ lóng yě gēn zhe zǒu le dāng tā men zǒu dào yí
去，小鹦鹉龙也跟着走了。当他们走到一
piàn dà píng yuán shí tā jiàn dào le yì zhī zhǎng de hěn xiàng hǎi lā ěr lóng
片大平原时，他见到了一只长得很像海拉尔龙
de kǒng lóng zhǐ shì bǐ hǎi lā ěr lóng cháng yì mǐ duō xiǎo yīng wǔ
的恐龙，只是比海拉尔龙长一米多。小鹦鹉
lóng wèn tā nǐ shì hǎi lā ěr lóng de xiōng dì ma
龙问他："你是海拉尔龙的兄弟吗？"

扫码后回复"海拉尔龙"即可获得更多恐龙知识

bù hǎi lā ěr lóng shì yǒu zhòng jiǎ de jié
“不，海拉尔龙是有重甲的结
jié lóng jiā de ér wǒ shì yǒu zhòng jiǎ de jiǎ lóng jiā
节龙家的，而我是有重甲的甲龙家
de wǒ jiào xī lèi yuán hé hǎi lā ěr lóng yǒu xǔ
的。我叫蜥肋螈，和海拉尔龙有许
duō bù tóng de dì fang nǐ kàn bù chū lái ma
多不同的地方，你看不出来吗？”

扫码后回复“蜥肋螈”即可获得更多恐龙知识

xiǎo yīng wǔ lóng zǐ xì kàn le
小鹦鹉龙仔细看了
kàn xī lèi yuán yòu xiǎng le xiǎng
看蜥肋螈，又想了想
hǎi lā ěr lóng de yàng zi jiù
海拉尔龙的样子，就
shuō nǐ bèi shang de jiǎ piàn bǐ
说：“你背上的甲片比
tā de duō tā shēn tǐ liǎng biān de
他的多，他身体两边的
gǔ cì bǐ nǐ de cháng
骨刺比你的长。”

蜥肋螈
- **长度：**7.5 米
- **种类：**甲龙类
- **食物：**植物
- **生存地域：**北美洲

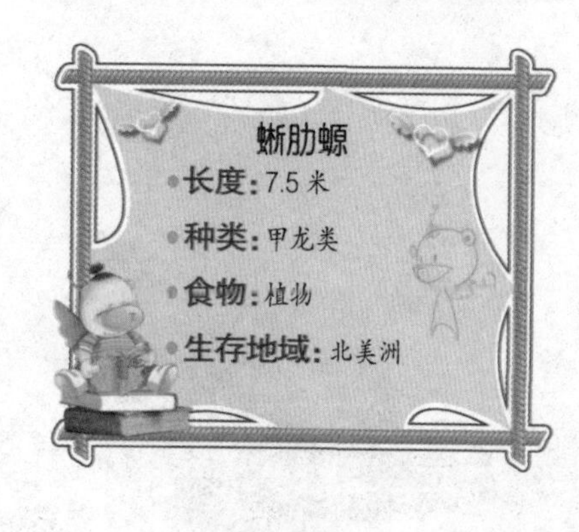

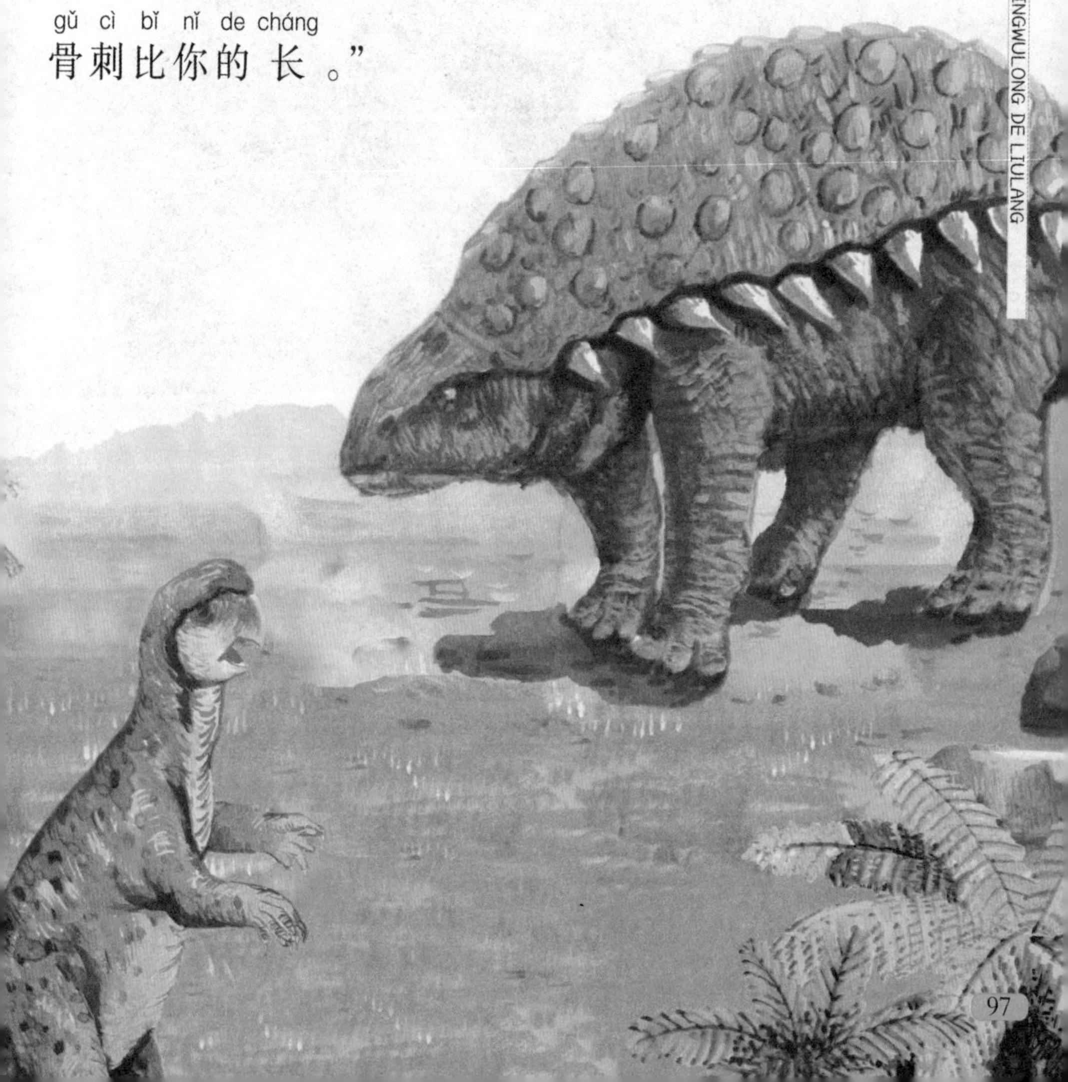

xī lèi yuán shuō nǐ shuō de duì yīn wèi wǒ men dōu pǎo de bú kuài
蜥肋螈说："你说得对，因为我们都跑得不快，
suǒ yǐ zhǐ néng kào mǎn shēn de jiǎ piàn lái bǎo hù zì jǐ shuō wán xī lèi
所以只能靠满身的甲片来保护自己。"说完，蜥肋
yuán zǒu dào yì biān er chī qǐ dī ǎi de jué lèi zhí wù lái
螈走到一边儿，吃起低矮的蕨类植物来。

xiǎo qín lóng shì zhī tiáo pí de xiǎo kǒng lóng tā jué de
小禽龙是只调皮的小恐龙，她觉得
xī lèi yuán de wěi ba yòu cū yòu cháng shàng miàn hái qiàn zhe
蜥肋螈的尾巴又粗又长，上面还嵌着
xǔ duō jiǎ piàn hěn hǎo wán er tā jiù zǒu guò qù yòng zhǎo lā
许多甲片，很好玩儿，她就走过去用爪拉
zhù tā de wěi ba xī lèi yuán bù gāo xìng bié rén zhuā tā de
住他的尾巴。蜥肋螈不高兴别人抓他的
wěi ba dàn tā de dòng zuò tài bèn le yì shí huí bú guò shēn
尾巴，但他的动作太笨了，一时回不过身
lái zhǐ hǎo yòng bí zi hēng hēng de jiào
来，只好用鼻子哼哼地叫。

蜥肋螈的装甲

蜥肋螈又叫蜥结龙、楯甲龙。蜥肋螈的长尾巴约占了身长的一半，大小相当于现代的黑犀牛，而重量却有 1500 千克。这么重是因为身体外部的骨板和颈部的尖刺很重。蜥肋螈的装甲是由嵌入皮肤的皮内成骨所构成，非常坚硬。

liǎng zhī xiǎo kǒng lóng zài cóng lín biān er shang
两只小恐龙在丛林边儿上

kàn dào le sài sài luó lóng tā shēn cháng sān mǐ duō shì yì
看到了塞塞罗龙。他身长三米多，是一

zhī gǔ jià dà qiě shēn tǐ bèn zhòng de sù shí kǒng lóng tā
只骨架大且身体笨重的素食恐龙，他

dāng shí zhèng hún shēn xiě lín lín de tǎng zài dì shang
当时正浑身血淋淋地躺在地上。

liǎng zhī xiǎo kǒng lóng zǒu guò qù
两只小恐龙走过去，

fā xiàn tā hái néng dòng biàn wèn tā shì
发现他还能动，便问他是

shéi fā shēng le shén me shì sài sài luó
谁，发生了什么事。塞塞罗

lóng shuō zì jǐ shì yì zhǒng sù shí kǒng
龙说自己是一种素食恐

lóng tā gāng gāng zāo dào le kě pà de
龙，他刚刚遭到了可怕的

kǒng zhǎo lóng de xí jī
恐爪龙的袭击。

塞塞罗龙

- **长度：** 3米
- **种类：** 角足龙类
- **食物：** 植物
- **生存地域：** 北美洲

nà nǐ wèi shén me bú kuài diǎn er pǎo
"那你为什么不快点儿跑?"

xiǎo yīng wǔ lóng zháo jí de wèn wǒ shēn shang de gǔ
小鹦鹉龙着急地问。"我身上的骨

tou tài zhòng le wǒ cóng lái dōu pǎo bú kuài zhè cì yě
头太重了,我从来都跑不快,这次也

bù xíng sài sài luó lóng tàn le kǒu qì shuō
不行。"塞塞罗龙叹了口气说。

bú guò hái suàn xìng yùn tā méi chī diào nǐ tā kě shì zhī xiōng è de dà jiā huo wǒ kě zhī dào tā de lì hai xiǎo qín lóng yì xiǎng qǐ cóng qián yǔ kǒng zhǎo lóng bó dòu de qíng jǐng biàn rěn bú zhù dào xī le yì kǒu liáng qì

“不过还算幸运，他没吃掉你，他可是只凶恶的大家伙，我可知道他的厉害。”小禽龙一想起从前与恐爪龙搏斗的情景便忍不住倒吸了一口凉气。

liǎng zhī xiǎo kǒng lóng yì biān yòng
两只小恐龙一边用
shù yè bāng sài sài luó lóng cā xǐ bèi shang
树叶帮塞塞罗龙擦洗背上
de shāng kǒu yì biān wèn tā kǒng zhǎo lóng cóng
的伤口，一边问他："恐爪龙从
lái yě bú huì fàng guò zì jǐ de liè wù zhè cì zěn
来也不会放过自己的猎物，这次怎
me huì fàng guò nǐ ne
么会放过你呢？"

sài sài luó lóng shuō tā bù xǐ huan chī wǒ de ròu yīn wèi wǒ de jǐ bèi xià miàn zhǎng zhe xǔ duō gǔ zhì de jǐ tū yǎo qǐ lái hěn fèi jìn wǒ jiù shì yòng zhè ge lái bǎo hù zì jǐ de

塞塞罗龙说："他不喜欢吃我的肉。因为我的脊背下面长着许多骨质的脊突，咬起来很费劲，我就是用这个来保护自己的。"

奇异的塞塞罗龙

塞塞罗龙又叫奇异龙、美妙龙。它是一种二足、草食性的、鸟脚类的恐龙。它的后肢健壮有力，手掌小而宽，头部有长而尖的口鼻，身体背部还长有小型鳞甲。在2000年，塞塞罗龙吸引了媒体的注意，因为一个1993年发现的标本被认为有心脏。

xiǎo yīng wǔ lóng jīng qí de shuō yuán lái měi zhī sù shí
小鹦鹉龙惊奇地说："原来每只素食

kǒng lóng dōu yǒu bǎo hù zì jǐ de fāng shì qín lóng de shēn cái
恐龙都有保护自己的方式，禽龙的身材

hěn gāo dà yǒu yì shuāng jiān lì de qián zhǎo xī lèi yuán hún
很高大，有一双尖利的前爪；蜥肋螈浑

shēn pī mǎn le yìng jiǎ ér nǐ bèi shang yǒu jǐ tū zhēn shì tài
身披满了硬甲；而你背上有脊突，真是太

qí miào le
奇妙了！"

zhè dōu shì wèi le shēng cún ér zhú jiàn
“这都是为了生存而逐渐
chǎn shēng de biàn huà wǒ men de hòu dài kě
产生的变化，我们的后代可
néng hái huì yǒu xǔ duō ràng wǒ men yì xiǎng bú
能还会有许多让我们意想不
dào de biàn huà ne sài sài luó lóng yáng qǐ tóu
到的变化呢。”塞塞罗龙扬起头
qīng shēng de shuō dào
轻声地说道。

xià wǔ de shí hou sài sài luó lóng néng zhàn qǐ lái le tā
下午的时候，塞塞罗龙能站起来了。他
zài liǎng zhī xiǎo kǒng lóng de péi bàn xià cháo shuǐ biān er zǒu qù zài
在两只小恐龙的陪伴下朝水边儿走去。在
shuǐ biān er tā hē le jǐ kǒu shuǐ jué de zì jǐ hǎo yì xiē le
水边儿，他喝了几口水，觉得自己好一些了。

sài sài luó lóng yòu chī le yí dà bǎ xiǎo qín lóng wèi tā cǎi de nèn shù
塞塞罗龙又吃了一大把小禽龙为他采的嫩树

yè hé mǎ wěi cǎo yè tā fēi cháng gǎn xiè liǎng gè xiǎo huǒ bàn er tiān kuài hēi
叶和马尾草叶。他非常感谢两个小伙伴儿，天快黑

de shí hou tā men fēn shǒu le sài sài luó lóng màn màn de xiàng yuǎn fāng zǒu
的时候，他们分手了，塞塞罗龙慢慢地向远方走

qù
去。

liǎng zhī xiǎo kǒng lóng bìng jiān zǒu
两只小恐龙并肩走

zài cǎo yuán shang xī wàng néng gǎn shàng
在草原上，希望能赶上

zài bù yuǎn chù xiū xi de qín lóng qún
在不远处休息的禽龙群。

yì tiān zǎo shang xiǎo yīng wǔ lóng hái méi shuì xǐng tū rán yí piàn cáo
一天早上，小鹦鹉龙还没睡醒，突然一片嘈
zá de shēng yīn zài sì zhōu xiǎng qǐ tā jí máng zhēng kāi yǎn jing fā xiàn
杂的声音在四周响起。他急忙睁开眼睛，发现
qín lóng men zhèng zài xiàng sì miàn bā fāng bēn pǎo
禽龙们正在向四面八方奔跑。

fā shēng le shén me shì hái méi děng
发生了什么事？还没等

tā fǎn yìng guò lái xiǎo qín lóng yǐ jīng lā zhe
他反应过来，小禽龙已经拉着

tā pǎo le qǐ lái tā men yì kǒu qì pǎo dào
他跑了起来。他们一口气跑到

cóng lín li duǒ qǐ lái yòu guò le yí huì er
丛林里躲起来。又过了一会儿，

qí tā de qín lóng yě lù lù xù xù de lái dào
其他的禽龙也陆陆续续地来到

le cóng lín li gāng cái jīng hún wèi dìng de qín
了丛林里。刚才惊魂未定的禽

lóng zài lín zi li zǒu le hǎo jiǔ cái màn màn de
龙在林子里走了好久才慢慢地

píng jìng xià lái
平静下来。

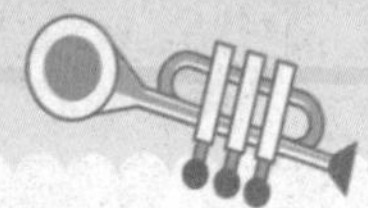

阿克罗肯龙的隆脊

阿克罗肯龙又叫高脊龙、多脊龙，它是一种大型的双足食肉恐龙。正如其名字所示，这种恐龙以其脊椎上高大的神经突而著称。这些神经突从颈部一直延伸到背部、臀部，支撑着由肌肉组成的隆脊。这些隆脊的功能未明，可能起到控制体温的作用。

zhè shí xiǎo yīng wǔ lóng cái gǎn
这时，小鹦鹉龙才敢
xiǎo shēng de xún wèn xiǎo qín lóng gāng cái
小声地询问小禽龙刚才
shì zěn me huí shì xiǎo qín lóng gào su
是怎么回事。小禽龙告诉
tā zǎo chen de shí hou yǒu yì zhī dà
他，早晨的时候，有一只大
xíng shí ròu kǒng lóng ā kè luó kěn lóng xí
型食肉恐龙阿克罗肯龙袭
jī le qín lóng qún dà jiā zhǐ hǎo pǎo chū
击了禽龙群，大家只好跑出
nà ge dì fang
那个地方。

ā kè luó kěn lóng hěn lì hai ma xiǎo yīng wǔ lóng cóng lái méi tīng
“阿克罗肯龙很厉害吗？”小鹦鹉龙从来没听

shuō guo zhè zhǒng dà kǒng lóng de míng
说过这种大恐龙的名

zi xiǎo qín lóng shuō shì de tā
字。小禽龙说：“是的，他

fēi cháng lì hai shì bái è jì zǎo
非常厉害，是白垩纪早

qī zuì kě pà de shí ròu kǒng lóng
期最可怕的食肉恐龙，

suǒ yǒu de qín lóng dōu pà tā
所有的禽龙都怕他。”

tā zhǎng shén me yàng hé kǒng zhǎo lóng chà bu duō dà ma xiǎo
“他长什么样？和恐爪龙差不多大吗？”小

yīng wǔ lóng wèn xiǎo qín lóng shuō měi cì tā lái de shí hou mā ma dōu
鹦鹉龙问。小禽龙说：“每次他来的时候，妈妈都

bǎ wǒ cáng qǐ lái wǒ zhǐ zhī dào tā de gè tóu er hěn dà zú yǒu shí sān
把我藏起来。我只知道他的个头儿很大，足有十三

mǐ cháng
米长。”

nà bǐ kǒng zhǎo lóng dà duō le xiǎo yīng wǔ lóng shuō
“那比恐爪龙大多了。”小鹦鹉龙说。

rán hòu tā xiǎng le xiǎng yòu wèn tā yě zhǎng zhe jù dà wān qū
然后他想了想又问：“他也长着巨大弯曲

de zhǎo ma xiǎo qín lóng shuō hǎo xiàng méi yǒu tā de zhǎo
的爪吗？”小禽龙说：“好像没有，他的爪

bú tài dà dàn tā de zuǐ bǐ jiào dà
不太大，但他的嘴比较大。”

suī rán xiǎo yīng wǔ lóng míng bai ā kè luó kěn lóng shì yì
虽然小鹦鹉龙明白阿克罗肯龙是一
zhǒng shí fēn xiōng cán de dà kǒng lóng dàn tā hái shi xiǎng zhī
种十分凶残的大恐龙，但他还是想知
dào tā jiū jìng zhǎng shén me yàng yīn cǐ tā cháng cháng dú zì
道他究竟长什么样。因此他常常独自
dào ā kè luó kěn lóng xí jī qín lóng de píng yuán shang sàn bù
到阿克罗肯龙袭击禽龙的平原上散步。

yǒu yì tiān　tā gāng cóng shuǐ biān er zǒu huí lái　tòu guò yí piàn mì mì
有一天，他刚从水边儿走回来，透过一片密密

de mǎ wěi cǎo　tā kàn jiàn yì zhī zhǎng de yòu dà yòu bèn zhòng de tài nán tǔ
的马尾草，他看见一只长得又大又笨重的泰南吐

lóng zhèng dī zhe tóu chī cǎo
龙正低着头吃草。

tài nán tǔ lóng shēn tǐ bǐ jiào cháng dà yuē qī
泰南吐龙身体比较长，大约七

mǐ tā de hòu zhī hěn jiàn zhuàng shàng miàn hái zhǎng zhe jiān lì
米。他的后肢很健壮，上面还长着尖利

de zhǎo tā hái yǒu yì tiáo cū zhuàng yǒu lì de dà wěi ba xiǎo yīng wǔ
的爪。他还有一条粗壮有力的大尾巴。小鹦鹉

lóng zhèng yào zǒu guò qù hé tā dǎ gè zhāo hu tū rán kàn jiàn cóng bù
龙正要走过去和他打个招呼，突然看见从不

yuǎn chù fēi bēn lái yì zhī dà kǒng lóng tā zhǎng zhe xì yuán de dà
远处飞奔来一只大恐龙，他长着细圆的大

nǎo dai liǎng zhī yǎn jing mào zhe xiōng guāng
脑袋，两只眼睛冒着凶光。

tài nán tǔ lóng gǎn jué dào le wēi xiǎn zhèng zài
泰南吐龙感觉到了危险正在

xiàng tā qiāo qiāo bī jìn tā jí máng tíng zhǐ chī cǎo
向他悄悄逼近，他急忙停止吃草，

xiàng yuǎn fāng pǎo qù dàn tā pǎo de tài màn le nà
向远方跑去。但他跑得太慢了，那

zhī dà kǒng lóng hěn kuài jiù chāo guò le tā
只大恐龙很快就超过了他。

鹦鹉龙的流浪

dà kǒng lóng de shēn tǐ shí
大恐龙的身体十
fēn qiáng zhuàng kàn qǐ lái hěn jiàn
分强壮，看起来很健
zhuàng de tài nán tǔ lóng zài tā miàn
壮的泰南吐龙在他面
qián shī qù le yōu shì
前失去了优势。

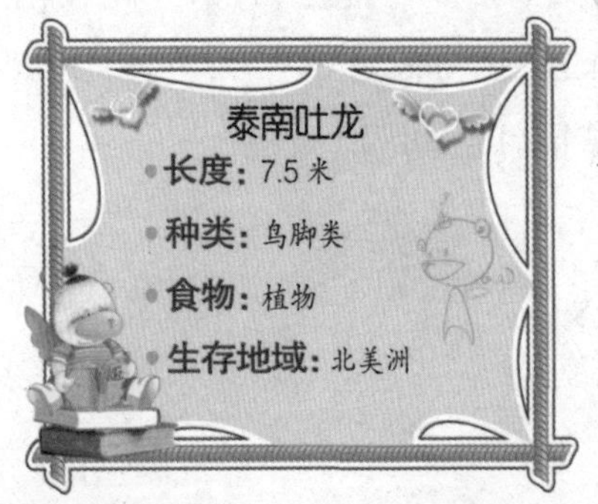

tài nán tǔ lóng wú fǎ bǎi tuō dà kǒng lóng de xí jī
泰南吐龙无法摆脱大恐龙的袭击，

jiù yòng zhǎng zhe jiān zhǎo de hòu tuǐ bù tíng de tī dǎ duì
就用长着尖爪的后腿不停地踢打对

fāng yòu yòng tā cū dà de wěi ba chōu dǎ duì fāng dàn zhè
方，又用他粗大的尾巴抽打对方，但这

yí qiè dōu bù qǐ rèn hé zuò yòng tā hái shi bèi pū dǎo le
一切都不起任何作用，他还是被扑倒了。

nà zhī xiōng cán de dà kǒng lóng zhāng kāi dà zuǐ sī yǎo zhe tài nán tǔ
那只凶残的大恐龙张开大嘴撕咬着泰南吐

lóng xiōng qián de jī ròu tā de tóu hěn dà yá chǐ hěn jiān lì shǐ tā kàn
龙胸前的肌肉。他的头很大，牙齿很尖利，使他看

qǐ lái xiōng è jí le
起来凶恶极了。

xiǎo yīng wǔ lóng zhè huí kàn qīng chu le zhè zhī kě pà de dà kǒng lóng
小鹦鹉龙这回看清楚了，这只可怕的大恐龙
jiù shì tā xiǎng rèn shi de ā kè luó kěn lóng tā fēi cháng xiǎng bāng zhù nà
就是他想认识的阿克罗肯龙。他非常想帮助那
zhī bèi pū dǎo zài dì de tài nán tǔ lóng dàn tā shì wú lùn rú hé yě dǎ bú
只被扑倒在地的泰南吐龙，但他是无论如何也打不
guò ā kè luó kěn lóng de
过阿克罗肯龙的。

jīng guò zhè jiàn shì hòu xiǎo yīng wǔ lóng míng bai le mā ma qiāo qiāo lí
经过这件事后，小鹦鹉龙明白了妈妈悄悄离
kāi tā shì xiǎng ràng tā zhǎng wò shēng cún de běn lǐng ér zài zhè ge shì jiè
开他是想让他掌握生存的本领。而在这个世界
shang shēng cún dān chún de yī kào zì jǐ de lì liàng shì bú gòu de shì shí
上生存，单纯地依靠自己的力量是不够的。事实
shang zài bái è jì wǎn qī dà bù fen yīng wǔ lóng de hòu dài jiǎo
上，在白垩纪晚期，大部分鹦鹉龙的后代——角
lóng dōu cǎi qǔ le qún jū de shēng huó fāng shì
龙，都采取了群居的生活方式。

图书在版编目（CIP）数据

鹦鹉龙的流浪 / 雨田主编 . -- 沈阳 : 辽宁少年儿童出版社 , 2019.1

（孩子们喜欢读的百科全书）

ISBN 978-7-5315-7814-7

Ⅰ . ①鹦… Ⅱ . ①雨… Ⅲ . ①恐龙－少儿读物 Ⅳ . ① Q915.864-49

中国版本图书馆 CIP 数据核字 (2018) 第 217438 号

出版发行：北方联合出版传媒（集团）股份有限公司
辽宁少年儿童出版社
出 版 人：张国际
地　　址：沈阳市和平区十一纬路 25 号
邮　　编：110003
发行部电话：024-23284265　23284261
总编室电话：024-23284269
E-mail：lnsecbs@163.com
http：//www.lnse.com
承 印 厂：北京一鑫印务有限责任公司

责任编辑：纪兵兵
助理编辑：石　旭
责任校对：李　婉
封面设计：新华智品
责任印制：吕国刚

幅面尺寸：155mm × 225mm
印　　张：8　　　　字数：123 千字
出版时间：2019 年 1 月第 1 版
印刷时间：2019 年 1 月第 1 次印刷
标准书号：ISBN 978-7-5315-7814-7
定　　价：29.80 元